建筑巅峰艺术体验
世界宫殿建筑解读

田 寒 著

新华出版社

图书在版编目（CIP）数据

建筑巅峰艺术体验：世界宫殿建筑解读 / 田寒著 .
— 北京：新华出版社，2023.5
ISBN 978-7-5166-6808-5

Ⅰ . ①建… Ⅱ . ①田… Ⅲ . ①宫殿 – 建筑艺术 – 世界
Ⅳ . ① TU–861

中国国家版本馆 CIP 数据核字（2023）第 083177 号

建筑巅峰艺术体验：世界宫殿建筑解读

作　　者：田　寒

责任编辑：蒋小云　　　　　　　　　　封面设计：刘红刚

出版发行：新华出版社
地　　址：北京石景山区京原路 8 号　邮　　编：100040
网　　址：http: //www.xinhuapub.com
经　　销：新华书店
　　　　　新华出版社天猫旗舰店、京东旗舰店及各大网店
购书热线：010-63077122　　　中国新闻书店购书热线：010-63072012

照　　排：北京亚吉飞数码科技有限公司
印　　刷：北京亚吉飞数码科技有限公司

成品尺寸：165mm×235mm　　　1/16
印　　张：16　　　　　　　　　　字　　数：205 千字
版　　次：2024 年 1 月第一版　　印　　次：2024 年 1 月第一次印刷

书　　号：ISBN 978-7-5166-6808-5
定　　价：86.00 元

在庞大的建筑艺术体系中，再没有哪一种建筑能像宫殿建筑一样璀璨耀眼、令世人惊叹。

不同国家和地区的宫殿建筑，见证了无数王朝的兴盛和衰败，它们在漫长的历史岁月中饱受风雨洗礼，仍巍然屹立。过去的人和事已随风而去，唯有这些气势恢宏、庄重精致的宫殿建筑，仍被世人欣赏和瞻仰。

本书带你解读宫殿建筑艺术之美，品味中外宫殿的建筑文化、建筑审美与建筑匠心，了解世界宫殿建筑背后的文化特色。

中国宫殿建筑具有典型的中国传统建筑风格，是中国建筑艺术的集大成者，北京故宫居世界五大宫之首，金碧辉煌、宏伟大气，是无与伦比的古代建筑杰作；沈阳故宫、北京圆明园、承德避暑山庄、西藏布达拉宫，独具地方建筑与环境特色，均是中国宫殿建筑中的典范之作。

国外著名宫殿建筑风格各异、多姿多彩，其中有被誉为世界第八奇景的克里姆林宫、璀璨明珠冬宫、极尽奢华的凡尔赛宫、万宝之宫卢浮宫、见证王权更迭的白金汉宫、如诗如画的布莱尼姆宫、宛若迷宫的霍夫堡皇宫、宫殿之城阿尔罕布拉宫、总统底邸白宫、沙丘上的无忧宫、浪漫的新天鹅堡、宛若梦境的贝勒伊宫、清幽雅致的皇居、气势非凡的古印度红堡、被花园包围的蒙塔扎宫、曼谷大皇宫等。这些宫殿建筑都是恢宏的世界宫殿建筑艺术画卷中浓墨重彩、不可缺少的重要组成部分。

　　本书体系完整，内容丰富，图文并茂，重点介绍了十余个国家的三十余座宫殿或宫苑建筑，详细讲解了这些宫殿建筑的建筑历史、建筑规模、建筑形制、建筑风格以及建筑工艺等，通过深入浅出的语言描述和精美的图片展示，带你全面、深入、立体地了解与赏析世界宫殿艺术。

　　阅读本书，一起来探寻世界宫殿建筑文化，领略宫殿建筑艺术风采，提高建筑审美。

作　者

2022 年 11 月

目 录

CONTENTS

第一章
解读宫殿建筑艺术无言之美

第二章
中国宫殿建筑中的典范之作

第三章
俄罗斯、法国、英国的宫殿建筑

第四章
奥地利、西班牙、意大利的宫殿建筑

第五章
美国、德国、土耳其的宫殿建筑

第六章
日本、印度、埃及的宫殿建筑

第七章
其他国家的宫殿建筑

参考文献
243

解读宫殿建筑艺术
无言之美

宫殿建筑恢宏雄伟，是建筑艺术的精华，也是一个国家的代表性建筑，具有极高的艺术价值。宫殿建筑凝聚着建筑设计者的才华和心血，也承载着一个国家、一个时代的历史和文化。解读宫殿建筑，是对建筑艺术的探究，也是对历史文化的追寻。

宫殿——璀璨的建筑瑰宝

宫殿泛指各国皇室成员居住的房屋，一般被称为皇宫，在西方也会被称为城堡。世界各地的宫殿建筑，无论是怎样的建筑风格，大多高大恢宏、富丽堂皇，象征着皇室的威严。

宫殿通常以建筑群的形式呈现，布局严谨，宫殿内建有书房、寝室等功能不同的房屋，以满足皇室成员的生活需要。

宫殿的选址通常在一国的都城，如北京的故宫、巴黎的凡尔赛宫、莫斯科的克里姆林宫等。但由于朝代的更迭和战乱的损毁，很多宫殿都已经损毁了，目前世界上留存下来的宫殿数量有限。

宫殿作为国家权力与政治的中心，在建造时耗费了大量的人力物力，往往是国家建筑艺术水平的巅峰之作，体现了工匠们极高的建筑水平。因而，宫殿具有极高的艺术价值，很多经典的宫殿建筑，代表了国家传统建筑的最高水平。

宫殿体现着某一个国家、某一个时期的建筑风格，是国家的瑰宝，凝聚着厚重的历史文化。通过欣赏世界宫殿建筑，我们能够认识各国不同的历史文化，了解曾盛极一时的建筑风格。

北京故宫

唤醒宫殿建筑尘封的记忆

宫殿是一种古老的建筑，现存于世的每一座宫殿都带着时间的印记。宫殿随着封建王朝的建立而出现，是各国建筑史上最璀璨的存在，每一座现存于世的宫殿都见证了时代的发展。

中国宫殿建筑的发展演变

在中国建筑史上，宫殿是最恢宏、最盛大的存在。从秦汉至明清，各个朝代的更替都离不开宫殿的兴建，可以说，宫殿见证了中国历史的发展。

先秦时期，"宫"和"殿"都是房屋的代称。《说文解字》中对宫的解释是"宫，室也"，《说文古本考》中对殿的解释是"殿，堂之高大者也"。

《诗经·七月》中有"上入执宫功"之句，记载了劳动人民为统治者修建房屋的事情，但那时的宫并不是皇帝独有的居所。《战国策·秦策一》记载了苏秦回家后的场景："父母闻之，清宫除道"。可见在先秦时期，宫指的是房屋。

春秋战国时期，高台建筑盛行，各国诸侯"美宫室，高台榭，以鸣得意"，可见在当时，统治者们就开始用高大的建筑来凸显自己的地位了。

楚灵王以举国之力修建了章华台，"台高十丈，基广十五丈"，高台上修建宫室，宏伟奢华。吴王夫差耗费三年时间组织修建姑苏台，日日饮酒享乐，不思进取，吴国最终被越国所灭，姑苏台也就成了后人讽刺君主骄奢淫逸的象征。

秦统一六国后，秦始皇嬴政扩建皇宫，以高大的宫殿来彰显自己至高无上的地位。《史记·秦始皇本纪》中记载了秦朝标志性宫殿阿房宫的建造，"先作前殿阿房，东西五百步，南北五十丈"，这里的"殿"便是宫殿的代称，这也是宫殿作为皇家专属建筑的较早的记载。

《汉书·表·百官公卿表》中有"郎中令，秦官，掌宫殿掖门户"之句，说明在秦汉时期不仅有了"宫殿"这一说法，还有了专门守卫皇宫安全的官员。

从汉朝开始，中国宫殿的建筑形制基本确定。汉朝的长乐宫、未央宫、建章宫等宫殿建筑都以前殿为主体建筑，前殿作正殿使用，其余建筑分布在前殿周围。宫殿中还建有水榭、林园等，用以修饰整座宫殿。

220年，曹丕称帝，建立曹魏政权。曹丕在都城洛阳组织修建了太极殿，这是中国历史上第一座"建中立极"的宫殿，即将宫殿修建在都城中轴线的北边，象征着北极星，这是利用宫殿强化皇权的表现。受曹魏太极殿的影响，此后多个朝代的正殿都称太极殿。

曹魏太极殿由三座宫殿组成，呈东西向排列，中间的为主殿，太极殿的建造改变了以往南北两宫并立于同一都城的建筑形制，形成了单一宫城形制，对中国宫殿建筑的发展演变有重要影响。

西晋建立后，仍以洛阳为都城，沿用曹魏时的宫殿。西晋末年，匈奴攻破洛阳，太极殿毁于战乱。

317年，司马睿在建康（今江苏南京）建立东晋。建康宫是东晋的主要宫殿，是在东吴宫殿的基础上重修的。建康宫一直被沿用至南朝，并被不断修缮，一度成为中国最为华丽的宫殿。建康宫布局规整，呈矩形，主要建筑位于中轴线上，南面宫墙建有三座宫门。后世的宫殿建筑受建康宫的影响，大多也为此形制。

隋唐时期，国家统一，国力强盛，宫殿建筑的数量远超前朝。

581年，隋朝建立，定都大兴城（今陕西西安）。隋朝的宫殿名为大兴宫，唐睿宗时改称太极宫。

604年，隋炀帝杨广营建东都洛阳，并组织修建了紫微宫，也被称为洛阳宫。紫微宫建成后，为隋、唐等多个朝代所用，存世500多年，是中国历史上使用朝代最多的宫殿。紫微宫的建筑布局、建筑形制等奠定了中国宫殿的基本格局。隋唐之后，历朝历代的宫殿建筑基本都以紫微宫为参考模板，日本、朝鲜等国家的宫殿建筑也曾受到紫微宫的影响。

618年，唐朝建立，将大兴城改为长安城，定为都城。长安城内主要有太极宫、大明宫、兴庆宫三座宫殿，被称为长安城三大内。太极宫为西内，兴庆宫为南内，大明宫为东内。大明宫是其中规模最大的一座，也是当时世界上面积最大的宫殿建筑群。

大明宫的建立标志着中国的宫殿建筑已经趋于成熟。大明宫的主殿规

大明宫遗址

模巨大、气势恢宏，但殿中并无太多华丽装饰，反而给人古朴雄浑之感。而且大明宫注重宫苑结合的建筑方法，将宫室与其他建筑完美融合，体现了宫殿建筑艺术之美。大明宫的含元殿、宣政殿等都是大型木构建筑，这也是中国的木构建筑走向成熟的表现。

大明宫的建筑布局对后世也有深远影响。大明宫的建筑分左中右三路，沿中轴线对称，布局严谨，中正和谐，元大都、明清紫禁城等都沿用了这一布局方式。

960年，赵匡胤建立宋朝，定都开封，史称北宋。宋朝崇尚节俭，少有新建宫殿，而是对五代时的宫殿进行了改建，继续使用。宫城主殿为大庆殿，北宋时期的重大活动，如朝会、祭祀等，都在此殿举行。

1127年，南宋建立，以临安（今浙江杭州）为都城。南宋宫殿较为简易，在形制上与北宋大体相同。南宋在修建宫殿时，更重视建筑与山水的结合，因而多建阁、楼、亭、轩等建筑。此外，南宋还兴建了很多皇家园林，如延祥园、玉津园等，这些园林中建有殿堂、亭榭，供皇帝观景、看戏、闲游。

可见，中国宫殿发展至南宋时期，已经不仅是皇帝处理政务、居住的场所了，其娱乐休闲功能逐渐被开发，宫殿的建筑艺术水平也得到了进一步提升。

1271年，忽必烈建立元朝，定都大都（今北京）。元朝国力强盛，建有多座宫殿，有元大都宫殿、元上都宫殿、哈拉和林的万安宫等。元朝定都大都之前，其宫殿带有鲜明的民族特色，与汉族宫殿并不相同。但在其定都大都后，宫殿建筑也逐渐向着汉族的宫殿建筑格局演变，呈中轴对称的建筑结构。

1368年，明朝建立，最初定都应天府（今江苏南京），1420年迁都顺天府（今北京），故而明朝的宫殿主要分布在现在的南京和北京，其中最为著名的便是南京故宫和北京故宫。

南京故宫是明朝建在应天府的皇宫，整个皇宫占地面积约6平方千米，其建立完全遵照"左祖右社，面朝后市"的建筑原则，两侧分别建有太庙和社稷坛。南京故宫的中轴线与全城的中轴线为同一条，开创了宫、城轴线合一的宫殿建筑模式。南京故宫的建筑格局为前朝后廷，前朝以奉天殿、华盖殿、谨身殿三大殿为主体，后宫亦有乾清宫、交泰殿、坤宁宫三座主殿，其余宫殿有序分布在主殿两侧。后宫还建有御花园，以供宫妃赏玩。

南京故宫已经具备了明清宫殿的基本形制，之后的北京故宫基本承袭了南京故宫的建筑格局。

北京故宫建于 1406 年，于 1420 年竣工。故宫历经明清两代，其间被不断修缮，是世界上现存规模最大、保存最为完整的木质结构古建筑之一，具有极高的艺术价值。北京故宫规模宏大，布局严谨，庭院开阔，宫室华丽，尽显皇家威严。

1625 年，清朝定都盛京（今沈阳），并在盛京建造了皇宫，也就是如今的沈阳故宫。

沈阳故宫历经 10 年建造而成，建成后又不断被修缮和扩建，因而沈阳故宫有明显的区域划分，不同的区域体现了不同时期的建筑风格。按照建造时期划分，沈阳故宫大体可分为东路、中路、西路三部分。东路建于努尔哈赤时期，是沈阳故宫最早建成的部分。这一时期的主要建筑为大政殿和十王亭，带有鲜明的民族特色。中路建于 1627—1635 年，主要宫殿有崇政殿、清宁宫等，这一时期的宫殿是遵照前朝后寝的建筑规划所布局的，也是沈阳故宫的主体建筑。西路多建于乾隆年间，在原有建筑的基础上添加了戏台、文溯阁、碑亭等建筑，使得整座宫殿更加完整，在形制上也与北京故宫大体相似。

1644 年，清军入关，定都北京，以北京故宫为皇宫，清朝皇帝对北京故宫进行了修缮和扩建，逐渐形成了如今恢宏雄伟的宫殿建筑群。

辛亥革命后，清朝灭亡，中国最后一个封建王朝结束了。随着封建制度的瓦解，宫殿不再是帝王的皇宫，逐渐成为民众可以参观、学习的博物馆，成为古建筑、古文物的汇聚地。

中国宫殿中的高台建筑

从春秋战国时期开始，中国先民就开始将主体宫殿建在高台之上，以此来凸显宫殿的巍峨壮丽。这一建筑模式一直被沿用到明清时期，如北京故宫的太和殿、中和殿等都建在高台之上，想要登上宫殿，要先走过长长的台阶。

这是因为，在中国文化中，"高"代表着崇高、远大的追求，这样的文化追求应用于建筑中，就有了高台建筑的诞生。将宫殿建在高台之上，人们处于平地时看向宫殿，便是仰视的状态，这样不仅能够凸显宫殿的壮丽，还能突出君王的威严。

北京故宫中和殿的高台建筑

西方宫殿建筑的发展演变

西方的宫殿建筑风格多样，不同的时期、不同的国家的宫殿建筑呈现出不同的特点。

由幼发拉底河和底格里斯河所组成的两河流域是人类古老文明的发源地之一，也是西方最早出现宫殿建筑的地区之一，这里最为著名的宫殿建筑就是巴比伦的空中花园和波斯波利斯宫殿。

空中花园为巴比伦王国的尼布甲尼撒二世所建。空中花园实际是一座建在高台之上的宫殿，宫殿外围种植着各种花草，远看像一座悬浮在空中的花园，因此而得名。但该建筑现已不存，后人只能根据史料推测其大体样式。

波斯波利斯王宫建于公元前 518 年，是波斯帝国的王宫。因为宫殿建造时使用了来自印度、黎巴嫩等多国的装饰品，所以整座宫殿既有波斯建筑风格，又有他国建筑艺术的体现。但该建筑已被焚毁，如今只剩王宫遗址尚存。

古罗马的宫殿建筑多建在巴拉丁山上。这一时期的宫殿建筑开始注重布局，如杜米善皇帝的宫殿中就有轴线的出现，整个宫殿建筑布局完整。

随着罗马帝国的灭亡，西方的建筑史开始进入中世纪。这一时期的宫殿建筑也带有明显的宗教色彩，出现了雕刻有宗教故事的墙面、玻璃等。这一时期，哥特式建筑开始出现并盛行，整体建筑风格高耸挺立。宫殿建筑也多呈哥特式建筑风格，多尖形拱门和肋状拱顶。

14—16 世纪，欧洲一些国家开始出现思想解放运动，人们将其称之为"文艺复兴"。这一时期的宫殿建筑大多呈现古希腊、古罗马时期的建筑风格，特别是墙柱的设计，带有浓厚的古希腊建筑色彩。

　　西班牙的查理五世宫殿庄严雄伟、布局严谨，体现了这一时期的建筑讲求比例和谐的特征。宫殿呈方形，中间有一圆形天井，天井周围建有双层廊柱，古朴自然。

　　英国的汉普顿宫建于 1515 年，整座宫殿由红砖砌成，以灰白色的石头勾勒。宫殿内还建有文艺复兴画廊、教堂、花园等，极具时代特色。

波斯波利斯王宫遗址

查理五世宫殿内的圆形天井

17世纪的欧洲开始流行巴洛克风格的建筑，讲求建筑外形的自由设计，建筑内部装饰华丽，多呈曲面空间。

18世纪的法国开始兴起洛可可式的建筑风格，装饰华丽精致。卢图斯府邸黄金殿就是典型的洛可可风建筑。殿内呈曲面，墙柱上绘有浮雕，墙檐上有花草和少女的雕像，整个建筑华美浪漫。

古典主义建筑风格也在18世纪盛极一时，法国的凡尔赛宫就是古典主义建筑的代表。凡尔赛宫的立面为典型的古典主义三段式结构，整体建筑左右对称，庄严雄伟。而凡尔赛宫的内部装修则以巴洛克风格为主，少数宫室具有洛可可风格。

俄罗斯的宫殿建筑也在18世纪得到发展，彼得霍夫宫、叶卡捷琳娜宫、冬宫等宫殿都建于这一时期。其中，冬宫是俄罗斯至今为止最为奢华瑰丽的宫殿之一。

18世纪晚期，美国首任总统乔治·华盛顿选定了白宫的基址，从此白宫就成了美国总统的官邸。白宫不同于以往的华丽宫殿，其建筑风格典雅朴素。

进入20世纪后，随着现代主义建筑、后现代主义建筑等多种建筑流派的兴起，作为古典建筑代表的宫殿逐渐成了历史，很多宫殿建筑也被改为了博物馆，成了人们参观、学习的场所。

彼得霍夫宫

叶卡捷琳娜宫

细数中国历代宫殿建筑

根据考古发现，中国早在夏商时期就出现过宫殿建筑。河南偃师二里头遗址中的宫殿区遗址是中国迄今为止发现的最早的宫殿建筑遗址。宫殿区的面积约10万平方米，主殿为"四阿重屋"式殿堂，殿前有广庭，四周有回廊，结构较为完整。

秦朝的阿房宫有"天下第一宫"的美誉。阿房宫遗址位于陕西省西安市，经考古发现，其前殿遗址建于河沟之上。阿房宫建于公元前212年，后受诸多因素影响，并未建设完成。阿房宫主要包括前殿和上天台两大建筑群，前殿是主殿，总面积约54万平方米，上天台则是用于祭祀的高台建筑。除此之外，还有用于涉猎的上林苑。

阿房宫是中国第一个统一王朝的宫殿建筑，其雄伟恢宏的建筑风格代表着秦朝的强盛，承载着中华民族的历史记忆。阿房宫庞大的建筑规模也为后世宫殿建筑提供了参考模板。

公元前202年，刘邦建立汉朝（史称西汉），定都长安（今陕西西安）。公元前200年，丞相萧何主持修建未央宫，作为西汉皇室的居住之地。未央宫建成后，一直沿用至隋唐时期，是中国历史上存世时间最长的宫殿之一。

未央宫占地面积约5平方千米，四面建有宫门。前殿是未央宫的主体建筑，前殿又分为前、中、后三个宫殿，其中中殿为正殿。除前殿外，还有用于藏书的石渠阁、天禄阁，用于存水的沧池等建筑。未央宫的建筑形制奠定了中国宫殿建筑的基本格局，对后世影响深远。

三国时期，由于战乱频发，宫殿建筑数量较少。吴国定都建业（今江苏南京）后建造了太初宫和昭明宫，太初宫毁于战乱，昭明宫被沿用至西晋时期。曹魏所建的太极殿占地面积约8000平方米，是宫城正殿，也是中国历史上最大的正殿，国家重要的活动都在太极殿内举行。

隋朝大兴宫建于大兴城中轴线的北边，宫墙四面，宫门共十座。整座宫殿可分为三部分，中部为皇宫主殿，东部为太子行宫，西部为宫人居所。主殿部分又可分为正殿、后寝和林苑三部分。

隋朝所建的紫微宫是当时世界上最为恢宏的宫殿之一。紫微宫占地面积4.2平方千米，前朝后寝。主殿为乾阳殿，面阔13间，高约50米，是最大的宫殿。乾阳殿以东为文成殿，以西为武安殿，这两座宫殿与乾阳殿并列而立。三座宫殿以北有一横街，街北为大成殿，是皇帝处理政务的宫殿，大成殿以北便是后妃寝宫。主殿以西建有九洲池，为林苑区，九洲池以南为皇子居所。

唐高宗显庆元年，将乾阳殿改建为乾元殿。唐睿宗时期，武则天下令将前乾元殿改建为明堂，用于布政和祭祀，为礼制建筑。

明堂高约98米，共有三层，底层为四方形，象征四季；中层为十二边形，象征十二时辰；上层为二十四边形，象征二十四节气。明堂顶部为圆顶，象征着天圆地方。明堂的建筑理念开创了中国明堂建筑的先河，其

洛阳明堂

方形底层、圆形顶部的建筑形制被明朝所建的祈年殿所沿用。

　　唐朝最为著名的宫殿为大明宫。大明宫建于 634 年，占地面积约 3 平方千米。在大明宫的中轴线上，从南至北，依次分布着含元殿、宣政殿、紫宸殿、蓬莱殿等宫殿，其余建筑整齐分布在中轴线两侧。宣政殿为皇帝临朝听政之所，宣政殿左右设有中书省和门下省。

太液池是大明宫园林建筑中极为重要的一部分。太液池建于大明宫背部，分为东池和西池两部分，东池约有14万平方米，西池较小，有3万平方米。太液池边建有水榭廊桥等，景色优美。但唐朝晚期，大明宫毁于战乱，并无留存。

除了大明宫、兴庆宫等主要宫殿，唐朝还有一座著名的宫殿——华清宫。华清宫最初为汤泉宫，唐玄宗为其更名为华清宫，又因建于骊山之上，而被称为骊宫。

华清宫建于唐朝初年，依靠山势和山中温泉而建，整座宫殿依山面水，古朴清雅。华清宫因唐玄宗和杨贵妃的爱情故事而被世人所熟知，安史之乱后便少有帝王到此游玩，华清宫因无人修葺，逐渐萧索。

宋朝宫殿建筑大都在前朝宫殿的基础上进行扩建，宋徽宗即位后，因觉得原有宫殿过小，便组织修建了延福宫。延福宫精美华丽，宫殿内亭台楼阁错落分布，典雅考究。宫内还种植着多种奇花异草，蓄养奇珍异兽，用于赏乐游玩。

元大都宫殿建于元朝定都大都后，是中轴对称的建筑格局，皇宫的正门、大殿都位于中轴线上。皇宫正殿为大明殿，面阔11间，是皇帝处理政务、休息的地方。

明朝宫殿主要有南京故宫和北京故宫两座。北京故宫为明清两朝的宫殿，后文有详细介绍，这里不作赘述。

南京故宫建于1366年，在1392年完工，历时26年。南京故宫的正南门为午门，由午门进入故宫，可见五座石桥，过桥之后为奉天门。奉天门以北便是奉天、华盖、谨身三座大殿，三大殿东侧为文华殿，西侧为武英殿，这五座宫殿统称为前朝五大殿。

前朝大殿后是后廷，乾清宫、交泰宫、坤宁宫三座宫殿从南至北，依次建在中轴线上。后宫三座主殿左侧是柔仪殿，右侧是春和殿，春和殿的西侧建有御花园。其余宫殿整齐地分布在后宫的东北角和西北角，被称为东六宫和西六宫。

清朝所建宫殿建筑众多，主要有沈阳故宫、圆明园、热河行宫等。这些宫殿的建筑格局基本一致，而且占地面积极大，一般分为宫室和林苑两部分，既能满足皇帝居住、处理政务的需要，也能够游玩赏景。

华清宫

南京明故宫遗址公园

中西宫殿建筑背后的文化特色

每一座宫殿的背后都凝聚着一个国家、一个时代的历史文化，宫殿的建筑风格往往带有鲜明的时代和地域特色。

中国宫殿建筑的文化特色

中国古代的宫殿大多依托都城而存在，宫殿通常位于都城的中心，与都城唇齿相依。

中国的宫殿建筑一般呈方形，宫殿中的各个宫室沿中轴线对称分布，主体宫室位于中轴线上。宫殿中筑有城墙，城墙上沿东、南、西、北四个方向分别建有城门若干，城墙外修建护城河，用以加强防御。

随着时代的发展，宫殿建筑的建筑材料、建筑风格也在不断地发展变化，而中国宫殿则一直坚持使用木材，木构结构也是中国宫殿的一大特色。

中国宫殿在布局上一直坚持"前朝后寝"的建筑理念，将宫殿分为办公场所和居住场所两个部分。前朝供皇帝和群臣处理政务，后殿则是宫妃的居住地。

中国的宫殿建筑是符合礼制要求的，其"左祖右社"的建筑格局就是遵循礼制的体现。"左祖右社"是指左边建太庙，右边建社稷坛，左右的建筑基本对称。秦汉时期的宫殿就已经体现了左祖右社的建筑特色，从隋唐时期开始，宫殿建筑基本都呈这一建筑格局。

从隋唐开始，中国的宫殿建筑基本遵循"三朝五门"的建筑制度。如唐朝的外朝为承天门，中朝太极殿，内朝两仪殿，而五门即为承天门、太极门、朱明门、两仪门、甘露门。明朝的三朝为午门、奉天殿、乾清宫，五门则是洪武门、承天门、端门、午门、奉天门，清朝基本沿用明朝的三朝五门制度，并在此基础上稍作改变。

中国的宫殿建筑规模宏大，遵循着严格的礼制制度，体现着规整有序的建筑风格。从宫殿布局来看，往往突出主殿，以强调皇权的至高无上。主殿位于中轴线上，其余宫室在中轴线两侧，对称分布，层次分明。而不同的宫殿，在宫室设计、装修等方面有不同的区域、民族特色。

西方宫殿建筑的文化特色

由于西方国家普遍崇尚自由，因而西方的宫殿建筑并无统一规格，而是根据当时的建筑风格而建，形态各异，各有特色。

　　具有宗教色彩是西方宫殿建筑的普遍特点。西方的宫殿建筑中往往会融入宗教元素，用宗教故事、宗教人物的绘画、雕刻装饰宫殿。一些宫殿在装修上也会融入教堂的建筑风格，如加入塔楼、钟楼的设计，以此来增加宫殿的庄严性。

　　田园风格也是西方宫殿建筑的主要特点。西方国家地广人稀，园林占地较大，加上王室贵族也崇尚自由，因而在宫殿建造时很注重园林的建设，让宫殿和自然环境完美融合。很多西方宫殿旁会修建花园，有些宫殿还会将主体宫殿建设在园林之中，使得整座宫殿的自然气息更加浓厚。

中国宫殿建筑中的
典范之作

中国宫殿建筑是世界宫殿建筑中不可或缺的一个重要组成部分，其表现出独特的东方建筑文化特色和艺术魅力。

　　中国宫殿建筑历史悠久、气势恢宏，具有严格的建筑空间布局方式，在许多建筑细节上都体现着皇权思想和设计，具有较高的历史文化研究和建筑文化赏析价值，在世界宫殿建筑中独树一帜。

道不尽那世间百态——北京故宫

北京故宫，旧称紫禁城，现为北京故宫博物院。北京故宫是中国明清两代的皇家宫殿，是目前中国现存规模最大、保存最完整的古代宫殿建筑群，是中国宫殿建筑的辉煌典范，也被誉为"世界五大宫之首"。

明清宫殿，风雨紫禁城

1402年，明成祖朱棣登基，次年，北平改名为北京，1407年（永乐五年），明成祖下令募集全国几十万工匠修建皇宫，前后历经14年，终于建成紫禁城。

紫禁城作为明朝皇宫，从布局到营造上都体现了古代皇权至高无上的统治思想。紫禁城规模宏大、气势雄伟、等级森严，在建筑设计和建造技艺上均倾尽全国之力，是中国古代木结构宫殿建筑的典范。

紫禁城在见证了明朝200多年的兴衰之后，先后经历了李自成入京和清军入关，此后，紫禁城成为清朝的宫殿。

清朝时期的紫禁城经历几次修葺，仅部分建筑重建或改建，紫禁城的整体建筑风格、建筑结构、建筑规模等，均被很好地保存了下来。

1925年，在明清紫禁城及其内部收藏的基础上，建立了北京故宫博物院（位于紫禁城内），紫禁城的建筑艺术、藏品等都得到了很好的保护。

北京故宫博物院

经历 600 多年风雨，如今的紫禁城作为北京故宫被世人所熟知，北京故宫规模宏大的古代建筑群也向世人展示了它无与伦比的建筑审美、建筑文化和建筑技艺。

北京故宫的建筑特色

⚅ 前朝后寝，中轴对称

整体来看，北京故宫的建筑平面为一个长 961 米、宽 753 米的矩形，[①] 主体建筑沿中轴坐南朝北依次分布，从建筑功用上来看，帝王处理政务的大殿在前，帝后居住的寝殿在后，遵循前朝后寝的分布格局。

以乾清门为界，北京故宫建筑分外朝（午门到乾清门）和内廷（乾清门到坤宁门）两大部分。外朝主要是皇帝处理朝政、举行大典、颁布政令的场所，威严气派；内廷主要是皇帝处理日常政务以及帝后、嫔妃、皇子居住的地方，生活气息更浓。

《周礼·考工记》中所载："左祖、右社、面朝、后市"。故宫建筑布局正遵循这一传统礼制，南北取直，左右对称，是北京故宫给人最直观的建筑布局特色。

北京故宫南起午门，从午门进入故宫之后，由南向北，会依次经过故宫的主体建筑：金水桥—太和门—太和殿—中和殿—保和殿—乾清

---

① 赵立瀛，何融 . 中国宫殿建筑 [M]. 北京：中国建筑工业出版社，1992：99.

门—乾清宫—交泰殿—坤宁宫—坤宁门—御花园—神武门。这些主体建筑南北依次纵向排列，构成了故宫的中轴线。

从东西方向来看，以北京故宫中轴线主体建筑为中心轴，左右两侧建筑布局呈东西对称，以太和殿、中和殿、保和殿（三大殿）为中心，东西

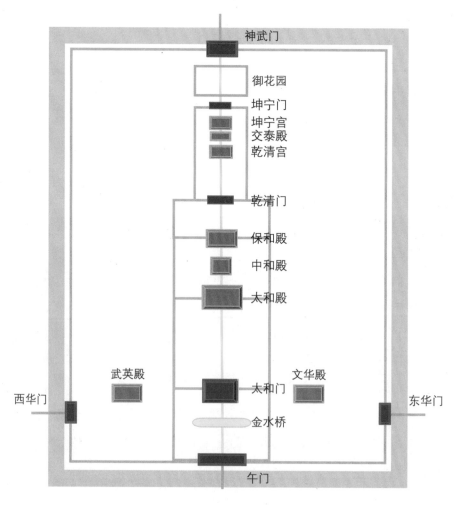

故宫中轴线主体建筑示意图

　　两侧有文华殿和武英殿，以乾清宫、交泰殿、坤宁宫为中心，东西两侧分别是妃子居住的东六宫、西六宫，另有皇子居住的乾东五所、乾西五所。

　　北京故宫建筑的对称设计除了体现在建筑群体的布局上，其中的每一个宫殿建筑也保持着对称中和的设计理念，给人以规划严整、四平八稳、

交泰殿（轴对称）

端庄大气之感。

北京故宫的宫殿内部陈设、亭台、楼阁、宫门、雕塑、壁画等，也均采用了对称的设计，尽显独特的中式审美。

值得特别一提的是，在北京故宫中，除了最为常见的中轴对称、中心对称和旋转对称，还有"镜像对称"。

北京故宫的宁寿宫和建福宫的一些楼阁（符望阁与延春阁、倦勤斋与敬胜斋、碧琳馆与竹香馆、凝晖堂与玉粹轩）和庭院设计极为相似，在不同空间呈现出惊人的"镜像对称"。据称，这是乾隆皇帝希望自己的"发祥之地"（建福宫）与"归政之地"（宁寿宫）相呼应的巧思。

数百年前的北京故宫修建或重建之时，古人在没有先进精密仪器的帮助下，仍极致追求而且做到左右对称、前后同源，实在令人惊叹。

在中国传统建筑审美中，对称，是平衡，是规则，是庄重，是专属中国古人的严谨礼制。正如著名建筑学者梁思成先生所说："无论东方、西方，再没有一个民族对中轴对称线如此钟爱与恪守。"

🏛 天人合一，君权神授

"天人合一"的思想是中国传统哲学思想，"天"是指自然，"天人合一"思想强调人与自然应该和谐相处，人应尊重自然、遵循自然规律做事，如此才能实现自然和人的共同发展。

《周易》中有"夫大人者，与天地合其德，与日月合其明，与四时合其序"的描述，意思是说，人应该顺应天意、天理行事，不可违背自然界的时空发展规律。

北京故宫建筑群从命名、布局、造型等不同方面均体现了古人"天人

宁寿宫符望阁

建福宫延春阁

合一"的传统思想。

建筑命名

北京故宫的旧称紫禁城,最早见于万历年间的《大明会典》中:"皇城起大明门,……内紫禁城起午门……南北各二百三十六丈二尺。东西各三百二丈九尺五寸"。

古人认为,紫微星(即北极星)是玉皇大帝居所的中心,玉帝所居宫殿称为"紫宫",人世间帝王也应居住在宫殿中,以皇城统领天下,故明朝时期将皇城称为紫禁城。[①]

北京故宫中的诸多宫殿也多依据天象、天文命名。

保和殿、太和殿的命名取自《周易·乾》的"保和大和乃利贞"之句,"大"即"太","太和"的意思是"宇宙万物和谐一体";"保和"的意思是"神志专一",如此亦能实现天地万物和谐。

乾清宫命名出自《周易·乾》的"大哉乾元,万物资始,乃统天"之句,乾元是"天道之始"的意思。

交泰殿命名出自《周易·泰》的"天地交泰,后以财成天地之道,辅相天地之宜,以左右民"之句,大意是说帝王顺应天道管理天下。

古人向来重视命名,包括上述宫殿命名在内,北京故宫的许多建筑的命名都体现了古人对宇宙万物的朴素认知。

建筑布局

有学者认为,北京故宫的建筑布局参照了古人对"三垣二十八宿"的研究。

---

① 周乾.紫禁城古建筑中的"天人合一"思想研究[J].创意与设计,2020(4):5-15.

依照天宫中的太微垣（天帝执政场所）、紫微垣（天帝寝宫）、天市垣（天庭集市），故宫中建造三大殿、后三宫、神武门外区域与之对应。

依照"二十八宿"（二十八个星座）在天空中的方位和造型，即"四象"，建造宫门，东华门、西华门、午门、神武门（原名玄武门）分别对应东青龙、西白虎、南朱雀、北玄武。

古人认为天、地之间有密切的联系，人居于天地之间，应遵循天地行事才能得到天地的庇佑，方能政权稳固、风调雨顺、长治久安。

造型设计

北京故宫中的多数宫殿建于台阶之上，顶部内设穹顶藻井、外置黄色琉璃，这是古人对皇天后土的敬畏之情，也表达了君权神授、皇帝作为天子代替天帝统领天下的思想。

北京故宫宫殿的屋顶外的建筑形式和装饰属于典型的中国特色建筑设计，屋顶作为建筑的最高点，是最接近天的地方，屋顶、屋脊设吻（龙形装饰），体现了中国古代人们对中华民族的龙图腾的崇拜，是对帝王神权的崇拜，也是帝王与天沟通的一种意象。屋脊神兽多源自我国上古神话，这些神兽大多是驱邪避灾、逢凶化吉的化身，古人希望借助神兽与上天沟通，获得神的庇佑，体现了古人对天的敬仰。

北京故宫宫殿内部的藻井设计，大多是由方向圆过渡，是古人对天圆地方的朴素理解的表现，藻井层层向上，似天空覆盖建筑，藻井多施彩绘。其中，龙形装饰非常多见，通过执政和居住环境的建造和装饰，体现了敬天、君权神授、天人合一的思想。

北京故宫藻井

在中国传统建筑中，大型建筑主体通常特别重视遮蔽建筑内顶部的构件的设计和装饰，建筑内的顶部构件称"天花"，呈穹窿状的天花称"藻井"，通常会以雕刻、彩绘加以装饰。

北京故宫中有许多精美的藻井，不同的藻井在装饰上与建筑主体的风格、功用和谐搭配，除了古人"天人合一"的思想观念，许多藻井的建造和设计都体现了建筑工匠高超的建造和装饰技艺，也体现了建筑设计者赋予建筑的美好愿望。

北京故宫万春亭藻井（圆顶藻井，设窗引光，有苍穹之感）

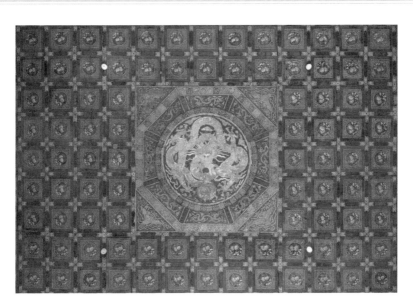

北京故宫临溪亭藻井（方正平面彩绘金龙藻井）

北京故宫寿康宫正殿藻井（衔珠藻井，龙口衔古铜色轩辕镜）

🏛 庄严宏伟，巧夺天工

北京故宫的宫殿建筑从造型、结构、色彩等方面几乎达到了极致，建筑气势庄严宏伟，建筑技艺巧夺天工。

北京故宫的宫殿整体给人一种庄严、稳重、大气之感，宫殿建筑在阳光照耀之下显得金碧辉煌、庄重威严。

宫殿置于高高的殿基之上，使人不自觉地仰望，对建筑的庄严敬畏之情油然而生。除了整体气势，北京故宫还将这种庄重威严融入不同宫殿的建造之中，使得等级成为北京故宫宫殿建筑文化的一个重要组成部分，不同的宫殿的位置、建筑规模、建筑用料、殿基的台阶数量、殿顶的形式、屋脊大小及脊兽的数量、建筑主体内外的彩绘图案的规制等，都能体现出不同建筑的等级差异。

在建筑技艺上，北京故宫集全国技艺高超的工匠，倾全国之力精心建造而成，将中国古代传统建筑技艺（如榫卯结构[①]、梅花丁[②]）发挥到极致，可以说北京故宫大到宫殿、宫门建造，小到砖瓦铺设、彩绘工序和做法都有严格的程序和讲究。

整体来看，北京故宫建筑以其深刻的建筑文化内涵和传统哲学思想、政治统治思想为建筑理念，在此基础上，追求用料讲究、工艺严谨、工序严格、做工精细，使得北京故宫能在历经 600 多年风雨之后，仍能始终保持庄严宏伟、华贵壮丽的建筑特色。

[①] 不用钉子，利用特殊结构拼插固定构件。

[②] 砖以一横一纵交替垒砌。

故宫屋檐建筑

北京故宫的经典建筑

太和殿

太和殿，即人们常说的"金銮殿"，是中国现存最大的木结构宫殿，处于北京故宫的中央位置。太和殿长 64.24 米，宽 37 米，面阔 11 间，进深 5 间，建筑面积 2377 平方米。

北京故宫太和殿

太和殿始建于明永乐年间，后经多次修缮和部分重建，现存太和殿为清康熙年间重建，是北京故宫三大殿中规模最大、等级最高的一个宫殿，也是中国现存建筑规制和等级最高的古代宫殿。

太和殿是明清两代24位皇帝举办大典的地方，皇帝登基、大婚、册立皇后、命将出征、受百官朝贺均在太和殿进行。

太和殿建造在三层基座（高8.13米）上，基座上有宽阔的月台（也叫丹陛），月台上陈设有日晷、嘉量、铜龟、铜鹤，月台周边为汉白玉石雕栏杆，栏杆下有石雕龙头排水，在雨季可现千龙吐水的奇观。以大殿为

北京故宫太和殿台基排水设计

主体，太和殿的大殿正处于月台的中心位置，其左右对称分布有殿堂、楼阁、台榭、廊庑、亭轩、门阙等。

北京故宫的中轴子午线纵穿太和殿，古人认为子午线是"龙脉"，"龙脉"贯穿故宫，沿专为皇帝铺设的白石御道而上，从大殿正中的天子宝座下穿过，龙椅正端放在子午线之上。龙椅正上方悬挂乾隆御笔"建极绥猷"匾额，意指帝王应上体天道，下顺民意。

太和殿的许多建筑设计和装饰是北京故宫，也是中国宫殿建筑中绝无仅有的，堪称中国宫殿建筑之最。

太和殿初建时，殿内设72根整根的金丝楠木支撑建筑结构，在天子宝座的周围有六根灌铜贴金的蟠龙金柱，其余为朱漆楹柱。这些珍贵的金丝楠木通过京杭大运河运至北京，再送至故宫，后太和殿多次失火被毁，如今殿内的72根大柱为后期修缮所用松木，已非明朝原物。

太和殿地面的金砖墁地举世闻名，金砖虽不是黄金铸成但与黄金一样珍贵，地砖用细腻无杂质的太湖澄浆泥制成，呈金色，铺砖均用整块且要做到绝对平整，

太和殿的蟠龙金柱

使阳光照射可产生反光以补充室内光线，之后泼墨钻生[1]、砖面烫蜡，再用软布抹香油擦拭数遍，最终达到光泽如金、明亮如镜的效果。

太和殿的大殿建筑，周身饰金龙纹，屋脊有十个脊兽，重脊前为骑凤仙人，其后依次是麟龙、鸾凤、青狮、天马、海马、狻猊、狎鱼、獬豸、斗牛和行什，这是北京故宫宫殿建筑中独一无二的特例，是规格最高的一座宫殿才有的配置，是皇权的象征。

清朝重建后的太和殿建筑结构保留了原来的建筑形制、结构以及榫卯建筑技艺，经历多次地震，依然坚固稳定，经历岁月洗礼，见证几百年历史变迁，保存完好。

北京故宫太和殿脊兽

---

[1]　将熬制热的黑矾水填铺砖缝、涂刷砖面，待地面干透后，将桐油灌入砖孔，再洒上与地砖颜色相同的石灰，使所有砖块融为一体。

乾清宫

乾清宫是北京故宫的三宫之一，是北京故宫内廷最大的一个宫殿，是皇帝处理日常事务、批阅奏折、接见外来使者、举办宴筵等的地方，也是皇帝的正寝。

乾清宫始建于明永乐年间，现存建筑为清嘉庆年间所建，大殿高 20 余米，面阔 9 间，进深 5 间，建筑面积约 1400 平方米。

乾清宫主导北京故宫的内廷，其东西两侧，分别出日精门、月华门向外，左右有两个永巷并列分布，外建东六宫和西六宫，东、西六宫共计十二宫，象征着十二星辰，而乾清宫正如十二星辰环卫的明月，体现了乾清宫对后宫的绝对领导。

从外观来看，乾清宫恢宏大气、金碧辉煌，屋顶采用重檐庑殿顶设

北京故宫乾清宫

计，铺黄琉璃瓦，屋檐上建有 9 个脊兽，屋檐分上下量程，上层为单翘双昂七踩斗栱，下层为单翘单昂五踩斗栱。乾清宫的建筑主体布满金龙和玺彩绘，大殿两尽间穿堂可通交泰殿、坤宁宫；大殿殿前正中出月台，高台甬路连接乾清门。

从内饰来看，乾清宫的殿内地面与太和殿相同，为金砖墁地，大殿堂内装饰华丽、精良，大殿正中央有四根大柱，柱上贴有对联，后两大柱间为金漆雕龙天子宝座，宝座后设金漆雕龙宝屏，宝座上悬匾额。匾额上书"正大光明"，为清顺治御笔、乾隆摹拓。

总体而言，北京故宫是中国也是世界上现存规模最大、保留最完整的经典木质结构宫殿之一，北京故宫内殿、宫、斋、楼、门等众多，每一个都极具中国建筑文化特色，是中国乃至世界建筑文化的瑰宝。

北京故宫乾清宫内景

表 2-1　北京故宫部分建筑的名称

殿	宫	斋	楼	门
太和殿	乾清宫	倦勤斋	角楼	午门
保和殿	坤宁宫	敬胜斋	延趣楼	神武门
中和殿	长春宫	养性斋	梵华楼	太和门

故宫角楼风光

续表

殿	宫	斋	楼	门
交泰殿	承乾宫	位育斋	佛日楼	乾清门
文华殿	永寿宫	漱芳斋	阅是楼	景运门
武英殿	慈宁宫	抑斋	云光楼	西、东华门
养心殿	储秀宫	益寿斋	宝相楼	皇极门

清初的盛京宫阙——
沈阳故宫

沈阳故宫，又称盛京皇宫、留都宫殿、陪都宫殿，现为沈阳故宫博物院。沈阳故宫位于今辽宁省沈阳市，始建于清太祖皇太极年间，是清朝初期的皇宫。

沈阳故宫的建筑布局

和中国传统房屋建筑不同的是，沈阳故宫看上去是并不方正而且有些"歪"的建筑群，这主要是因为沈阳故宫是在不同的时期建成的，所以在建筑布局上并不周正。

从整体布局来看，沈阳故宫可以分为三个部分：东路、中路和西路。

　　东路建筑主要用于举行大典、八旗大臣办公，典型建筑以大政殿与十王亭为主，建于努尔哈赤时期。中路建筑为皇帝处理日常政务和帝后居住的场所，建于清太宗时期。西路建筑为皇帝开展文化娱乐活动的场所，建于乾隆时期。

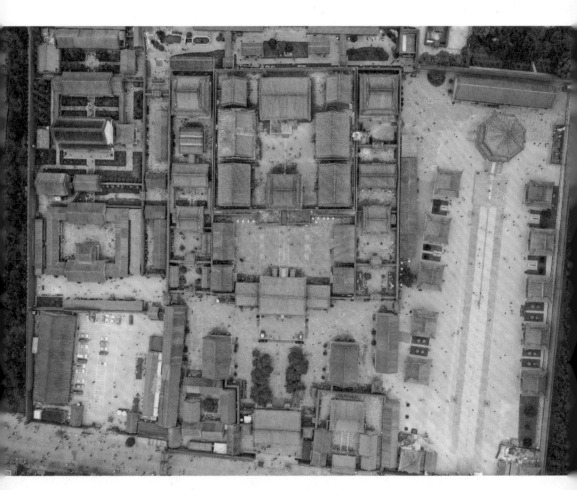

沈阳故宫建筑布局示意图

沈阳故宫的经典建筑

🏛 崇政殿

崇政殿位于沈阳故宫中路，是清早期皇太极的"金銮殿"，是皇帝日常处理政务、接受大臣们朝拜及与大臣议事的地方，是沈阳故宫中等级最高的一个宫殿建筑。

崇政殿为全木结构建筑，建在 1 米多高的砖石台基上，建筑形制为"硬山顶"，整个大殿高约 12 米，左右连接翊门。崇政殿的廊柱为方形，殿柱为圆形，柱间用龙形雕刻连接，龙头探出檐外，兼具实用性与装饰性。大殿外有石栏杆，采用麒麟、狮子、梅、葵、莲等装饰，从外观来看，整个大殿装饰精美，气势壮丽。

沈阳故宫崇政殿

沈阳故宫崇政殿内景

崇政殿的内部中央位置建有"凸"字形堂陛，四根沥粉金龙蟠柱华丽而不失威严，天子宝座上的匾额字样与北京太和殿相同，为"正大光明"四字，天子宝座后设宝屏。宝座与宝屏为清乾隆时期仿北京故宫乾清宫所制，虽规模较小，但以龙形雕塑装饰，罩以金漆，给人华丽、大气、威严之感，尽显帝王威严。

🏛 大政殿

大政殿，俗称八角殿，是沈阳故宫东路建筑，是沈阳故宫中举行重大政治活动和典礼的地方。1644 年，顺治皇帝福临在此登基，正式成为清朝（清军入关后）的第一位皇帝。

大政殿建于 1 米多高的须弥座台基之上，为八角重檐攒尖式建筑，殿顶铺黄琉璃瓦，八面出廊，围绕以荷花净瓶石栏杆，殿前有两根蟠龙大柱，殿内有梵文天花和降龙藻井。

在大政殿的两侧，以大政殿为中心，向外八字排列十王亭，左侧由内而外依次为左翼王亭、镶黄旗亭、正白旗亭、镶白旗亭、正蓝旗亭；右侧由内而外依次为右翼王亭、正黄旗亭、正红旗亭、镶红旗亭、镶蓝旗亭，是满族的八旗制度在建筑布局的体现。

在沈阳故宫中，相较于中路和东路建筑，西路建筑的建造时间较晚，建于乾隆中后期，这里主要是皇帝开展文娱活动的场所。西路建筑整体为三进四合院的建筑布局，主要建筑有戏台、嘉荫堂、文溯阁、仰熙斋等。

沈阳故宫大政殿

沈阳故宫大政殿及殿前的十王亭布局

表 2-2　沈阳故宫部分建筑的名称

殿	宫	斋堂	楼阁	门亭
崇政殿	清宁宫	嘉荫堂	凤凰楼	大清门
大政殿	永福宫	仰熙斋	文溯阁	十王亭
九间殿	关雎宫	师善斋	飞龙阁	奏乐亭
迪光殿	麟趾宫	协中斋	翔凤阁	左翊门
颐和殿	衍庆宫	继思斋	敬典阁	右翊门

往昔繁华有谁知——
圆明园

北京圆明园，是清代大型皇家宫苑，规模宏大，建筑类型繁多。圆明园实际上由三部分组成，即绮春园、长春园、圆明园，其中，圆明园最大，故以圆明园统称，现为遗址公园。

万园之园，建筑艺术典范

圆明园有"万园之园"的美誉，其历经清朝三代皇帝，前后耗时150余年建成，无论是它的建筑面积还是建筑类型，都是皇家建筑的典范。

整体来看，圆明园的建筑面积大约相当于 5 个北京故宫、3 个英国皇家植物园、3.5个法国凡尔赛花园，如此庞大规模的建筑，世界少见。

圆明园内的建筑种类繁多，风格多样，殿、堂、楼、阁、榭、亭、廊、舫、桥、寺庙、道观等，几乎包括了我国古代建筑的所有类型，同时部分建筑也借鉴了西方宫殿建筑风格。不同建筑造型与装饰千姿百态，又与山、水景色相映成趣，体现出整体和谐美。

无论单个建筑，还是建筑群，均广泛吸取了历代宫殿建筑的特色与优点，造型庄严大气，又突破了官式规范的束缚，因景随势，更显灵动。

圆明园中的绮春园、长春园、圆明园各园建筑与风景各不相同，但均具有皇家建筑和园林特有的精致与秀美。

位于圆明园东南的绮春园，由若干小型园林构成，布局松散地散布于水边山间，其造景之妙在于根据一年四季呈现出不同景观，代表性建筑有敷春堂、清夏斋、涵秋馆、生冬室。

长春园位于圆明园的东侧，长春园的南部主要为水景，西部为茜园，北部为西洋楼景区，建筑布局布疏密得当，建筑风格多元化。园中有诸多仿江南园林景观，如狮子林、如园等。建筑物以西洋楼景区的建筑最为特别，西洋楼为欧式宫苑建筑群，建筑风格为典型的巴洛克式，建筑装饰则极具东方神韵。

圆明园内的方壶胜境，被认为是圆明园中最壮丽称奇的宫殿建筑，它以想象中的仙山楼阁建筑而成，建筑群对称布置，前后三组殿堂金碧辉煌，依水而立，宛若仙境，可惜被焚毁。

以水报时的建筑雕塑：兽首铜像

兽首铜像，即十二生肖人身兽头青铜雕像，原位于圆明园西洋楼景区中最大的一个宫殿——海晏堂前，曾在圆明园遭遇抢掠的过程中流落海外，目前，已有8尊雕像以不同方式回归祖国，其余4尊下落不明。

十二生肖铜雕像俗称水力钟，位于海晏堂门前弧形水池旁，于清朝乾隆年间下令铸造，郎世宁主持设计，宫廷匠师制作完成，生肖铜雕像向水而立，每个时辰相应的铜雕像就会喷水，逢正午，十二生肖铜雕像则同时喷水。十二生肖铜雕像设计精妙、铸造精细，是清代青铜佳品，具有较高的历史文化价值。

马首

历经浩劫，不见当年风采

1860年（清咸丰十年），英法联军攻陷北京后，占据圆明园，将圆明园内文物珍宝抢劫一空，并纵火焚烧圆明园，包括圆明园在内的"三山五园"[①] 遭到了空前的破坏。

圆明园建成以后，曾邀请宫廷画师观景临摹成《圆明园四十景图》，并配清乾隆皇帝诗作及命名，组成《圆明园四十景图咏》（目前收藏于法国国家图书馆），后人只能从这套图咏中了解圆明园的昔日盛景。

圆明园西洋楼遗址

---

① 三山为香山、万寿山、玉泉山；五园为清漪园、静明园、静宜园、畅春园、圆明园。

自然与人文的巧妙结合——
承德避暑山庄

承德避暑山庄，又称承德离宫、热河行宫，建造于清朝康熙和乾隆年间，位于今河北省承德市，是清朝皇帝夏日处理政务和避暑的场所。

避暑山庄大致可以分为两大部分，即宫殿区、苑景区（湖泊区、平原区、山峦区）。建筑布局和风格均模仿北京故宫，可以看作缩小版的北京故宫，颇具皇家风范。

布局严整的宫殿建筑

避暑山庄的宫殿区位于整个避暑山庄的南部，采用前朝后寝的建筑形制，整体布局严谨，虽不比北京故宫的规模庞大、富丽堂皇，但更多了几分小巧灵动、庄重典雅。

宫殿区分区明确，景色丰富，主要建筑包括正宫、万壑松风、松鹤斋、东宫（毁于战火）共四组建筑。其中，正宫为皇帝接受拜贺、接见使者、举行大典的场所，万壑松风是皇帝读书和批阅奏章的场所，松鹤斋是太后居住的场所。

正宫的主殿澹泊敬诚殿，是承德避暑山庄的政治中心，也是建筑中心，大殿建在约 30 厘米高的大理石台基之上，为卷棚歇山布瓦式建筑，采用珍贵的楠木建造而成，不施彩绘，保留了楠木本色，古朴雅致，大殿

避暑山庄的澹泊敬诚殿内景

门窗有寓意福寿的精致木雕，是清代建筑木雕中的精品。宫殿内部设紫檀须弥宝座和紫檀木雕屏风，庄严大气。

秀美苑景和皇家寺庙

避暑山庄的苑景区的建筑与风景在清代行宫中均堪称一绝。

水心榭

普陀宗乘之庙

　　廊、亭、轩、榭等建筑依水而建，建筑与水的造景融合了南北园林的园林造景手法，秀丽多姿、景色丰富。

　　平原处有皇家赛马的草场，也有树木繁茂的万树园，其间分布的不同规格的蒙古包构成了皇帝的临时宫殿。

　　山地地带分布着许多皇家寺庙，这些寺庙建筑风格各异、融为一处，体现了各民族文化的相互尊重、融合，其中有八处原直属清廷管理，俗称"外八庙"。其中，普陀宗乘之庙建筑仿西藏布达拉宫而建，规模宏大、气势雄伟，在皇家寺庙中极具代表性，有"小布达拉宫"的美誉。

绽放在高原上的艺术之花——西藏布达拉宫

西藏布达拉宫是我国西藏地区的宫堡式建筑群,整座宫殿具有浓郁的藏式建筑风格,其建于山腰,红白两色建筑主体以高原山峦为背景,气势宏伟、辉煌壮丽。

高山上的宫殿

布达拉宫位于中国西藏自治区海拔 3700 米的玛布日山上,最初是吐蕃王朝赞普松赞干布为迎娶文成公主而兴建的宫殿,17 世纪曾重建,是西藏建筑的典范。

布达拉宫整体建筑面积为 13 万平方米,主楼高 117 米,共 13 层,整体为石木结构宫殿，其中分布宫殿、佛殿、僧舍等建筑。

从远处观看，布达拉宫依山而立，殿宇嵯峨，色彩鲜明，大气沉稳。

宫殿主体多为歇山式和攒尖式木制建筑，飞檐翘角，铜瓦鎏金，屋顶装饰经幢、宝瓶等，柱身和梁枋布满彩绘和雕塑，十分华丽。

布达拉宫依山而建，抗震能力强。宫殿基础深入岩层，外墙厚达2—5米，墙体为花岗岩砌筑，每间隔一段灌注铁汁，这使得布达拉宫能经受几百年高原风雪洗礼而坚固如初。

布达拉宫全貌

白宫与红宫

布达拉宫的主体建筑由白宫和红宫两个部分构成。白宫位于布达拉宫的东侧，因外墙为白色而得名，是僧人办公和居住的场所。红宫位于布达拉宫的中央位置，主要为经堂、佛殿。

布达拉宫的寺庙与宫殿融为一体的建筑形式，以及其庞大的建筑规模和气势，在世界上是独一无二的。

第三章

俄罗斯、法国、英国的宫殿建筑

俄罗斯、法国、英国这三个国家都有闻名世界的宫殿建筑，这些宫殿代表了一个时代的兴盛。时至今日，这些宫殿依然是国家的象征，如俄罗斯的克里姆林宫、法国的卢浮宫、英国的白金汉宫等。这些宫殿或正在使用，或已经改建成为博物馆，它们都是建筑艺术的巅峰代表，更是人类文明发展史中的瑰宝。

世界第八奇景——克里姆林宫

克里姆林宫位于俄罗斯的首都莫斯科，建在博罗维茨基山岗上，是俄罗斯最古老的宫殿建筑群之一，也是世界上最大的建筑群之一，有"世界第八奇景"的美誉。

克里姆林宫的建造历史可以追溯至1156年，莫斯科的建立者尤里·多尔戈鲁基大公在此修建了一座城堡，这便是克里姆林宫的原型。从1156年一直到现当代，克里姆林宫不断被扩建、修缮，已然成为恢宏庞大的建筑群。

克里姆林宫经历了漫长的发展历史，具有不同朝代的建筑风格，融合了希腊、罗马、拜占庭等多国的建筑风格和特色，是俄罗斯最具代表性的宫殿建筑，具有极高的建筑艺术价值。如今的克里姆林宫是俄罗斯领导人的居住、办公场所，是俄罗斯的象征。

克里姆林宫整体呈三角形，面积约27万平方米，由各个宫室、教堂、钟楼等共同组成。

克里姆林宫远景

　　克里姆林宫的外墙呈红色，多座塔楼错落分布在宫墙上。斯巴斯克塔楼、尼古拉塔楼等五座塔楼上用红色五角星装饰，这便是著名的克里姆林宫红星。

　　大克里姆林宫建在克里姆林宫的西南部，是克里姆林宫中的主体建筑，主要由中央宫和多棱宫组成。

　　中央宫带有典型的俄罗斯建筑色彩，其外墙为白色，窗棂用黄色修

克里姆林宫中央宫

饰，窗边雕刻着花纹，极具古典主义建筑风格。安德烈夫斯基大厅是中央宫的主要场所，这里曾是沙皇接见使臣的地方，整座大厅金碧辉煌，彰显了皇家风范。如今总统的就职典礼和很多典礼仪式都在这里举行，是克里姆林皇宫中的重要宫室。

多棱宫于 1491 年建成，曾是沙皇用于举行庆典和接见使臣的宫殿。多棱宫是克里姆林宫中建造较早的石造宫殿，墙由四面体的白石砖砌成，因此得名多棱宫。

教堂广场是克里姆林宫中的又一重要建筑，乌斯宾斯基教堂、十二使徒教堂等不同时期的教堂矗立于此。教堂广场也是克里姆林宫中最为古老的广场。

乌斯宾斯基教堂建于 1475 年左右，是克里姆林宫内建造较早的教堂之一，这里曾是沙皇的加冕之地，12—13 世纪的许多主教也都安葬在这里。

乌斯宾斯基教堂带有浓重的文艺复兴时期的建筑风格，教堂外墙为白色，屋顶上镶有金顶做装饰，庄重圣洁。教堂内墙上刻有宗教故事，还有一些狮子和女性的浮雕。

伊凡大帝钟楼是广场上为数不多的钟楼建筑。钟楼建于伊凡四世时期，钟楼高 81 米，曾是莫斯科最高的建筑。钟楼的右侧放置着一个大钟，因体积硕大而被称为"钟王"。

大礼堂建于 1960 年，位于克里姆林宫的中心，总面积约 60 万平方米，是俄罗斯举行重大庆典、仪式的地方，也是艺术表演的重要场所，是莫斯科最为恢宏的礼堂之一。大礼堂呈白色，主要用大理石和玻璃这两种材料建造而成，既具有现代建筑艺术的风格，又带有俄罗斯的传统建筑风格特点。

伊凡大帝钟楼

瓦西里升天教堂的"洋葱顶"设计

　　瓦西里升天教堂是克里姆林宫的标志性建筑，其九个色彩各异的"洋葱"式教堂顶更是克里姆林宫的特色。

　　瓦西里升天教堂建于16世纪，经历百年发展，现已改建为博物馆。其整体建筑为九个塔楼的组合，最高的塔楼位于中心，其余八个塔楼围绕着中心塔。教堂的"洋葱顶"设计结合了拜占庭的圆顶建筑和伊斯兰的"葱头"形状。建筑设计师将俄罗斯的民族特色、宗教特点与圆顶建筑巧妙融合，为"葱头顶"涂上了多彩的颜色，创造出了独具特色的瓦西里升天教堂。

瓦西里升天教堂

俄罗斯的璀璨明珠
——冬宫

冬宫位于俄罗斯圣彼得堡的涅瓦河边，原为俄国沙皇的宫殿，十月革命后被改为博物馆，成为艾尔米塔什博物馆的一部分。冬宫不仅仅是享誉世界的宫殿，还是藏品丰富的博物馆，具有极高的艺术价值。

冬宫建于1754—1762年间，带有鲜明的巴洛克建筑风格，宫殿大多富丽堂皇，尽显奢华。

冬宫大体呈方形，共有三层，两翼凸起，正门前的台阶很高，用以彰显沙皇皇室的尊贵地位。冬宫外墙以白色为主，门窗边用浅绿色装饰。外墙周围有白色的廊柱做修饰，使得整座宫殿显得庄严肃穆。

殿内装饰华丽精致，很多大厅都用孔雀石、玛瑙等名贵材料装饰。孔雀石厅就是用孔雀石装饰的大厅，在大厅中，不仅装饰品为孔雀石，大厅内的柱子也是孔雀石雕刻而成的。

约旦阶梯是冬宫的主楼梯，通过阶梯可抵达主厅。整个阶梯带有浓厚

冬宫

的巴洛克建筑风格，为弯曲设计，呈白色，上面铺设着红毯。阶梯上有精美的浮雕，阶梯两侧为高大的内壁，内壁用金色浮雕装饰，尽显皇室的典雅。

圣乔治厅是冬宫的主厅，是叶卡捷琳娜二世在位期间修建的，面积约8700平方米，俄国的历代沙皇在这里处理政务、接待宾客。整个大厅呈现古典主义建筑风格，华贵典雅。大厅中央摆放着一个黄金御座，御座上方是圣乔治的浮雕，圣乔治厅因而也被称为大御座厅。

彼得厅也被称为小御座厅，是为了纪念彼得一世而建的。彼得厅建于1837年，厅内摆放着彼得一世的王座，王座背后挂着彼得一世和智慧女神雅典娜的油画。大厅两边有白色的大理石石柱，石柱上有鎏金的雕刻。大厅天花板也以鎏金雕刻装饰，使整座大厅显得金碧辉煌。

黄金会客室使用大面积的黄金装饰，从墙面到屋顶都以金色为主。会客室的屋顶为穹状，上面雕刻着精美的浮雕，墙壁上也是整齐而精致的雕刻设计。

拉斐尔长廊是冬宫中极负盛名的长廊之一，整个长廊为穹顶建筑，以金色色调为主，宽阔华丽。长廊两侧和顶部都用不同的壁画装饰，艺术气息浓厚。

在整座冬宫里，收藏着无数价值连城的艺术品，如绘画、珠宝、雕塑等，其中还包括达·芬奇、梵·高的真迹。这些艺术品陈列在冬宫各个宫室，使得整座宫殿更显奢华绚烂。

约旦阶梯

拉斐尔长廊

欧洲极尽奢华的皇宫
——凡尔赛宫

凡尔赛宫是世界五大宫殿之一。整座宫殿豪华壮丽，宫殿内陈列着来自世界各地的珍品，艺术价值极高，是法国著名的历史博物馆。

凡尔赛宫建于1661—1689年间，是在狩猎宫的基础上改造而成的豪华宫殿，因位于凡尔赛镇而被称为凡尔赛宫。1789年，法国大革命爆发，作为王室宫殿的凡尔赛宫遭受到了洗劫，众多珍品被损毁。直到1833年，凡尔赛宫才得到修复，成了如今的华丽宫殿。

凡尔赛宫宫殿主要由正宫、南宫和北宫三座宫殿组成，三座宫殿相互衔接，布局严谨、和谐。宫殿中有大小宫室500多间，宫内外还有瑰丽的公园。

凡尔赛宫是经典的古典主义风格建筑，其立面为三段式的建筑结构，左右对称，整齐而不失庄重。凡尔赛宫内部的装修以巴洛克风格为主，少数为洛可可风格，华丽奢侈。

镜厅是凡尔赛宫中最著名的大厅，因厅中有 17 面巨大的镜子而得名。镜厅由走廊改建而成，因而又名镜廊。镜厅为穹顶设计，长 76 米，高 13 米，宽敞明亮，穹顶上雕刻着精美的壁画。厅中装着拱形落地窗，窗户极大，采光良好，阳光透过窗户照在镜子上，会有璀璨夺目的感觉。站在窗前可以看到窗外的花园，而靠近内墙一侧的镜子上会映出花园中的美景，镜中的景色与窗外的景色相呼应，让人感觉仿佛置身梦境之中，这也是镜

凡尔赛宫

厅最大的特色。

　　国王套房和王后套房是凡尔赛宫中的主要宫室。国王套房位于主楼东侧，套房内主要包括卧室、会议厅、牛眼厅等宫室，卧室是国王起居之所，华丽奢侈，卧室屋顶上雕刻着镀金《法兰西守护国王安睡》的浮雕。卧室北边是会议室，国王在此处理政务。牛眼厅在卧室南边，因大厅中的天窗形似牛眼而得名，王室成员每日在牛眼厅等候国王起床，因而牛眼厅

镜厅

凡尔赛宫的花园

中悬挂着很多王室成员的画像和一些家族徽章。

王后套房位于主楼南侧，主要由卧室、接待室、卫兵室等宫室构成，路易十六的王后玛丽·安托瓦内特是居住在此的最后一位王后，因而这里的陈设保持着玛丽王后在位时的样子，套房内的壁炉上还放着玛丽王后的半身像。

凡尔赛宫西侧有一个极为著名的法式花园，花园景色秀丽，园中修建了一条人工河流，四处散落着大大小小的喷泉1000多个。

凡尔赛宫建成后就因恢宏华丽的建筑风格引发多国关注，其宫殿和花园建筑还被俄国、德国等国家效仿和借鉴。

举世瞩目的艺术宝库
——卢浮宫

1204 年，法国国王菲利普二世决定在塞纳河北岸修建一座城堡，用以提升军事防御能力，这座城堡就是卢浮宫的前身。

1364 年，查理五世登基，卢浮宫开始被当作王宫使用。建筑师对原有的城堡进行了改建，才有了今日的卢浮宫。从查理五世开始，法国有 50 多位国王在此居住，使得卢浮宫成了法国历史上最为重要的宫殿建筑之一。

如今的卢浮宫作为博物馆而闻名于世，这里收藏着 40 多万件艺术品，油画《蒙娜丽莎》、雕像《胜利女神》等珍品都在其中，卢浮宫也因此成了世界四大历史博物馆之首。

卢浮宫整体呈 U 形，占地面积约 24 万平方米，宫殿内部大致分为雕塑馆、绘画馆等不同的艺术馆。

路易十四统治时期，对卢浮宫的东立面进行了改造，将其改造成了古典主义建筑风格。整个东立面长 172 米，由上中下三部分构成。最底层为立面的基座，中间是石柱，石柱上方是屋檐。

画廊同样是路易十四时期的典型建筑。画廊长约 300 米，曾经挂着世界各国的绘画作品。

法国大革命爆发后，卢浮宫成为艺术馆，归属于法国民众。1840 年，拿破仑加冕称帝，卢浮宫再次成了皇帝的皇宫。

拿破仑统治时期，再次对卢浮宫进行了扩建，在外围修建了更多的宫

卢浮宫

室。拿破仑还将欧洲其他国家的众多艺术品都搬进了卢浮宫中，让整个宫殿显得更加华丽辉煌。

　　作为典型的古典主义风格建筑，卢浮宫前却伫立着一座极具现代艺术风格的玻璃金字塔。玻璃金字塔高 21 米，由 673 块玻璃拼接而成，极具现代艺术风格。现代风格的玻璃金字塔与古典风格的宫殿相呼应，共同构成了卢浮宫内的奇特景色。

卢浮宫前的玻璃金字塔

法国历史的缩影
——枫丹白露宫

　　枫丹白露宫位于法国巴黎的一片园林之内，是法国最大的宫殿之一。枫丹白露宫建于 1137 年，宫殿内主要包括国王和王后的宫室、舞厅、画廊等建筑，宫殿外建有花园、园林、塔楼等。由于宫殿建造历史悠久，留存时间长，又被法国历代国王所修缮，因此人们将其看作法国历史的缩影。

　　枫丹白露宫由不同的庭院组成，白马院是宫中最大的庭院，长 152 米，宽 112 米，因院中台阶呈马蹄状，所以被称作白马院。白马院以北是弗朗索瓦一世配殿，以南是路易十五配殿。

　　穿过白马院便是泉庭，其因院中的池水而得名。穿过泉庭，便是著名的弗朗索瓦一世长廊。长廊建于 1544 年，有 64 米长。长廊的墙壁整体可分为上下两部分，上半部是精美的浮雕壁画，下半部是高约两米的金色护壁。整个护壁由胡桃木制作而成，上面刻有不同的图案，整体华丽典雅。

　　钟塔庭又称椭圆庭，是枫丹白露宫中最为神圣庄重的一部分。在钟塔庭中，矗立着古老的圣路易纪念塔。庭院中的其他建筑均建于弗朗索瓦一世时期，带有文艺复兴时期的建筑风格，与古塔形成了鲜明对比，使得整座庭院更具特色。

　　舞厅是枫丹白露宫中的经典建筑。舞厅始建于弗朗西斯一世时期，在1556年左右建设完成。16—17世纪，舞厅被频繁使用，宫廷宴会大多在

枫丹白露宫白马院

这里举行。舞厅为穹顶设计，舞厅内安装着壁炉，壁炉上有青铜雕像，国王座位安置在壁炉前方。

　　狄安娜花园是枫丹白露宫中的著名花园，建于 1602 年的狄安娜喷泉至今仍在园中，喷泉的中央是狄安娜女神的雕塑。花园景色优美，大片橙树种植在园中，狄安娜花园因此也被称为橙园。

枫丹白露宫中的花园

王权的见证地——白金汉宫

白金汉宫始位于伦敦威斯敏斯特城内，始建于 1703 年，最初是白金汉公爵的府邸。1761 年，英国国王乔治三世买下了这座府邸，并将其改建为自己的私人寝宫。乔治四世继位后，找到设计师对白金汉宫的装修设计进行了改造，将其改造得更加奢华，自此，白金汉宫更像是宫殿，而非私人府邸。

1837 年，维多利亚女王登基，白金汉宫正式成为英国的王宫，并一直沿用至今。如今，白金汉宫已经成了可以参观的宫殿，英国著名的禁卫军交接典礼每日都在此举行。但因为英国王室依旧居住在白金汉宫中，所以白金汉宫并非完全开放的。

白金汉宫的主体建筑是一栋五层高的宫殿，宫殿呈方形，以白灰色为主色调，由东、西、南、北四面合围而成，中间部分为中空的庭院。东门为正门，门上悬挂着英国王室的徽章。东门二楼有面向群众的阳台，王室成员的公开亮相会在这里进行，如王室成员的婚礼。

　　穿过东门的走廊，可进入庭院，进而进入不同的宫室。白金汉宫中有700多间房间，其中包括200多间卧室、90多间办公室，以及不同功能的大厅和私人医院。

　　西侧的楼宇是白金汉宫的正宫，里面有绿色客厅、御座厅、画廊、舞厅、音乐厅等不同的大厅。其中，绿色客厅、白色客厅、蓝色客厅是因其装修颜色而命名的，因为客厅中大部分装饰都是绿色、蓝色、白色。

白金汉宫

御座厅摆放着英国统治者加冕时使用的座椅，维多利亚女王、乔治四世国王、伊丽莎白二世女王加冕时使用的座椅都在其中。

音乐厅的屋顶为圆形，屋顶上镶嵌着黄金和象牙的装饰，极其华贵。舞厅建于维多利亚女王统治时期，是整个宫殿中占地面积较大的室内宫室。维多利亚女王曾在这里举办舞会、宴请宾客，如今英国的很多宴会依旧在这里举行。

宫殿北侧为王室成员的私人住所，是禁止参观的，英国统治者主要在这里居住、办公。

宫殿的后面是大片的皇家花园，花园中有湖泊和各种草木。花园初建于乔治四世时期，之后被不断修缮，如今是英国皇室成员举行宴会、招待会的地方。皇家马厩建在花园旁边，现在这里依然养着很多匹马。

宫殿的外围有围栏保护，围栏外是广场和维多利亚女王纪念堂，广场上有维多利亚女王的镀金雕像。

白金汉宫作为依旧在使用中的宫殿，在英国历史上具有重要价值，很多重大事件都在这里发生。在许多英国人心中，白金汉宫就是英国王室的象征。

一座如诗如画的花园
——布莱尼姆宫

布莱尼姆宫是英国唯一一座并非皇宫却有宫殿之称的建筑。1704 年，安妮女王为了奖励马尔伯勒一世公爵约翰·丘吉尔，为其建造了这座府邸，从此，布莱尼姆宫就成了历代马尔伯勒公爵的府邸。因为公爵的姓氏是丘吉尔，因而布莱尼姆宫也被称为丘吉尔庄园。

布莱尼姆宫位于牛津，由著名建筑设计师约翰·范布勒建造完成。布莱尼姆宫将园林与宫殿建筑完美结合，将整座宫殿建在园林之中。

布莱尼姆宫的主体建筑是一座两层高的楼，楼房两侧有庭院。楼内装修为巴洛克风格，典雅华丽，众多雕塑、油画分布在各个宫室。大厅内的天花板上绘制着马尔伯勒一世公爵参与的战争，展现了公爵的英姿，是布莱尼姆宫的经典之作。

图书馆也是布莱尼姆宫的特色建筑，图书馆呈长方形，长 55 米。图书馆的最初设计为画廊，之后用作图书馆。这里放着马尔伯勒一世公爵和安妮女王的雕像。

　　宫殿西侧是水景园，水景园的主体建筑是一个由 13 个小喷水池组成的阶梯式瀑布，瀑布景观处于水景园的中心，园中四角还建着喷泉。

　　花园是布莱尼姆宫最为著名的地方，这里由不同风格的几部分组成，形状各异的雕塑建在花园各处，却丝毫不显凌乱。花园的主要设计风格以英国的自然风格为主，其中又体现着不同国家的花园风格，如湖泊边有

布莱尼姆宫

意大利风格的梯田式花园，而花园中的几何图形元素又带着法式花园的风格。

　　公爵纪念堂是布莱尼姆宫的特色建筑，纪念堂前有四根考林辛式石柱，用以象征马尔伯勒公爵的卓越功勋。纪念堂的顶端雕刻着雄狮与公鸡争斗的雕像，这是战争胜利的象征。

布莱尼姆宫中的花园

英国的凡尔赛宫——汉普顿宫

汉普顿宫位于英国里士满，是经典的都铎式建筑风格的宫殿。因瑰丽华贵的建筑风格而著名，被称为英国的凡尔赛宫。

汉普顿宫建于 1515 年，原为私人庄园，如今白金汉宫的主体宫殿便是在那时建成的。1530 年，王室将这座庄园收回，汉普顿宫从此便成了王室的宫殿。

亨利八世是入住汉普顿宫的第一位君主，在他的组织下，汉普顿宫开始了一系列的扩建工作。因为建于 16 世纪，整座汉普顿宫都带有浓厚的都铎式建筑风格，既拥有哥特式的塔楼和尖顶的设计，又体现了文艺复兴式的对称分布的特点。

汉普顿宫有 1000 多个房间，是英国最为华丽的宫殿之一。宫殿整体呈红色，门窗边用白色石板装饰，和谐自然。

为了彰显国力强盛，亨利八世组织修建了宽大的白厅，用于举行宴会和舞会，这里可以容下 1000 多人同时用餐。白厅的天花板为橡木，上面还刻着浮雕。白厅中还摆着许多名贵的装饰品，用以彰显王室的奢华，因而这里曾一度成为汉普顿宫的代表性厅堂。

密园、迷宫和喷泉院是汉普顿宫中除了主体建筑外最为经典的园林建筑。密园如同一个秘密花园，里面错落分布着绿篱、花坛、水池等，形成了一个既独立于主体建筑外，又能彰显英国自然建筑风格的花园。

迷宫是汉普顿宫中的特色建筑。迷宫由很多用栅栏围住的绿植组成，

汉普顿宫

其中有一条蜿蜒曲折的小路可通向外界，如果没有引导很容易迷路，因而这里被称为迷宫。

喷泉院是一个方形的院落，院内所有房屋都建有高大的窗户，窗户周围有浮雕设计，精美典雅。房屋顶层的窗户呈圆形，四周建有柱形栏杆。

汉普顿宫中的花园

第四章

奥地利、西班牙、意大利的宫殿建筑

奥地利的美泉宫和霍夫堡皇宫，一个是皇家的夏宫，一个是皇家的冬宫，二者虽然都无比富丽奢华，却又各有不同，美泉宫的法式巴洛克花园充满了浪漫情调，霍夫堡皇宫丰富多样的建筑形式让人流连忘返。

　　走进西班牙的阿尔罕布拉宫，你一定会为墙壁上、天花板上以及廊柱上所雕刻的精致、繁复的花纹所惊叹，这座充满阿拉伯风格的伊斯兰建筑里凝聚着无数奇思妙想。

　　美第奇宫静静地坐落在意大利佛罗伦萨，那里是欧洲文艺复兴的发源地，这座宫殿的建造无形中推动了文艺复兴时期建筑艺术的发展。

哈布斯堡王朝兴衰的见证者
——美泉宫

美泉宫，又音译作申布伦宫，位于奥地利首都维也纳的西南郊区，是一座兼具艺术和审美的华丽宫殿。它历经朝代更迭，见证了哈布斯堡王朝的兴衰史，如今是维也纳最负盛名的旅游景点之一。

气势恢宏的美泉宫

美泉宫在设计之初，比照了法国凡尔赛宫的风格，奢华而宏大，虽然最终由于财力不足，未能完全实现最初的设计，但其依然是欧洲大地上最宏伟的宫殿之一，可以与凡尔赛宫相媲美。

美泉宫整体呈洛可可风格，规模宏大，总面积达 2.6 万平方米，主要

美泉宮

由宫殿以及皇家花园组成。

🏛 富丽堂皇的宫殿

整座美泉宫的宫殿共有 1441 间房间，对外开放可供游客参观的有 45 间。宫殿内的天花板和墙壁上绘制了巨幅画作，画作内容多为神话故事和战争场面，绘画技艺高超，绘制的人物形象丰满、栩栩如生。

一般情况下，同一所宫殿的内部风格都比较相似，但美泉宫众多房间的风格却迥然不同，一些极尽富丽奢华，一些却十分朴实。

"百万盾室"是美泉宫中极尽奢华的房间，它富丽堂皇，尽显华贵，据说当初为了修建和装饰这间房间共花费了 100 万盾，因此人们称其为"百万盾室"。房间的墙壁不仅采用昂贵的玫瑰木制作，还在其上刷了一层纯金，其奢华程度可见一斑。

美泉宫内不仅汇聚了来自各个国家的奇珍异宝，还按照各个国家的风格来装饰房间，并以国家名为房间命名。例如，美泉宫中有一间房间为中国厅，因为陈列着蓝色的青花瓷而又被称为"蓝色沙龙"。"蓝色沙龙"整体呈圆形，内部是典型的东方装饰风格，房间内镶嵌着紫檀、黑檀，陈列着来自中国的瓷器、陶制品和漆器等珍宝。"蓝色沙龙"在设计时使用了特殊的结构，使得房间的保密性极强，一旦关上门，即使贴着门缝也无法听到房间内的谈话声，所以王室常常在这个房间举行会谈或召开一些重要的会议。

美泉宫房顶的装饰及绘画

▣ 法式巴洛克风格宫殿花园

　　美泉宫花园位于美泉宫北侧，是一座法国式园林，花园外观优美，占地面积广阔。碎石子铺成的道路中间是绿茵茵的草坪和雕琢精细的花坛，花园两侧，以修剪整齐的树木作为天然绿墙，绿墙内排列着 44 座洁白的大理石雕像，雕刻着古希腊神话故事中的人物。

　　园林尽头是一座被称为"海神泉"的喷泉池，喷泉池中央是一组以希腊海神尼普顿及其追随者的故事为原型建造的白色雕塑，在喷泉池西侧是奥地利最古老的动物园。美泉宫花园整体呈现出巴洛克风格，充满了浪漫情调。

海神泉花园与喷泉池

🏛 "高高在上"的凯旋门

凯旋门位于丘陵之上,是美泉宫的最高点,当年艾尔拉赫设计美泉宫之时,本来准备将宫殿建于此处,奈何未能实现。之后,为了纪念

凯旋门

1757 年玛利亚·特蕾西亚女王战胜普鲁士，建立了凯旋门。凯旋门由柱廊撑起，顶部是展翅欲飞的雄鹰，凯旋门两侧是以白色大理石制成的古希腊神话人物雕塑。

凯旋门处是美泉宫最好的观景台，站在凯旋门旁，可以将美泉宫的所有景色尽收眼底。

美泉宫的建设与哈尔斯堡王朝的历史兴衰

美泉宫所在的地方原本是一座磨坊，1569 年被神圣罗马帝国皇帝马克西米连二世买下后，成为哈尔斯堡王朝的家庭属地，之后这里成为马提阿斯的狩猎寝宫，狩猎寝宫在战争中被毁后，此地建造了美泉宫。从此，美泉宫成为哈尔斯堡王朝家族成员生活和成长的宫殿，美泉宫见证了哈尔斯堡王朝的荣辱兴衰。

美泉宫名字的由来

美泉宫的名字来自一汪泉水。此地原本是皇帝狩猎的场所，相传，1612 年神圣罗马帝国的皇帝马提阿斯在此狩猎，口渴难耐之时，随从发现了一汪清泉，马提阿斯饮用了泉水，觉得此泉水清冽甘甜，于是将此泉命名为"美泉"，后来人们也称此地为"美泉"。

▦ 利奥波德一世初建美泉宫

1683 年，土耳其人围困此地，将此地的城堡烧毁，在经过艰苦卓绝的战斗后，利奥波德一世终于取得了胜利，他决定在此地为他的儿子约瑟夫一世修建一座庞大、豪华的宫殿，于是任命建筑师费舍尔·冯·艾尔拉赫专门负责宫殿的设计。在艾尔拉赫设计的美泉宫初稿中，宫殿的结构十分富有想象力：宫殿建在城市的制高点上，从宫殿向下延伸出围墙、拱廊和喷泉，它们以宫殿为中心，向山脚下铺展开来，就像巨大的阶梯一样。

1693 年，在利奥波德的要求下，美泉宫初稿经过多次完善和修改成为实用的狩猎寝宫，之后又经过了三年的准备时间才开始动工修建。大概是因为资金不足，美泉宫在实际修建过程中并没有实现最初的设计，建造地点也改到了山脚。1700 年，美泉宫中央部分完成，狩猎寝宫的中心为主厅，主厅西侧为约瑟夫一世和皇后的卧室，主厅东侧为客房。1728 年，约瑟夫一世的弟弟查理六世继承了美泉宫，并把美泉宫送给了他的女儿玛丽亚·特蕾西亚。

▦ 玛丽亚·特蕾西亚扩建美泉宫

1740 年，查理六世去世后，他的长女玛丽亚·特蕾西亚成为女王，女王十分喜爱美泉宫，在她执政期间，美泉宫得以扩建，迎来了黄金建设时期。

玛丽亚·特蕾西亚在执政期间邀请尼古劳斯·冯·帕卡西来负责改建美泉宫，在这位早期古典主义建筑师的手中，美泉宫的规模得以扩大，可以容纳超过 1000 人居住，装饰上采用洛可可风格，奢华富丽，用途也由原来的狩猎寝宫改为了神圣罗马帝国皇帝的皇家寝宫，自此，美泉宫正式成了皇家成员政治和生活的中心。

1765 年，弗朗茨一世的儿子约瑟夫二世继任，玛丽亚·特蕾西亚继续扩建美泉宫，建筑师在山脚挖掘建造了"海神泉"，为了纪念为人民带来和平的战争，还在美泉山的山顶建造了凯旋门，至此，美泉宫的规模已经从山脚延伸到山顶上。1780 年，美泉宫的扩建终于完成，玛丽亚·特蕾西亚也来到了生命的终点。

1848 年，弗朗茨·约瑟夫一世（弗朗茨二世的长孙）继任奥地利皇帝兼匈牙利国王，他十分喜爱美泉宫，在迎娶他的妻子茜茜公主之前，他还对美泉宫进行了重新装修，美泉宫在他执政期间又迎来了辉煌时期。

1916 年奥匈帝国危机四伏，弗朗茨·约瑟夫一世去世，卡尔皇帝继承皇位，但他也难以改变国家的衰败局面。1918 年，奥匈帝国解体，哈布斯堡王朝长达 600 余年的统治结束。美泉宫默默地陪伴着哈布斯堡王朝家族的成员成长，也见证了哈布斯堡王朝历史的兴衰。

令人着迷的"迷宫"
——霍夫堡皇宫

霍夫堡皇宫与美泉宫一样，都位于奥地利维也纳，是哈布斯堡王朝的另一处宫苑，美泉宫是皇帝的夏宫，霍夫堡皇宫则是皇帝的冬宫。

霍夫堡皇宫坐落在维也纳的市中心，它规模宏大，包含两千多个房间，置身其中，俨然进入了一座迷宫。

集多种建筑形式于一体的霍夫堡皇宫

霍夫堡皇宫是一个建筑群，它并不是一次性建造完成的，根据当时的传统，下一任皇帝不会居住在上一任皇帝的宫殿，因此每一任皇帝都会对霍夫堡皇宫进行改建和扩建，于是便形成了如今集合了哥特式、文艺复兴式、巴洛克式、洛可可式以及仿古典式等多种风格的建筑宫殿群，这座风格多样的建筑群代表了奥地利七个多世纪的建筑风格的演变。

霍夫堡皇宫依地势起伏而建，分为上宅、下宅两部分。上宅主要用于办公、接待客人、议事、举行活动等，下宅主要作为皇家寝室。

霍夫堡皇宫规模宏大，占地达 24 万平方米，包含 18 个侧翼，19 座庭院和 50 多个出口，房间数量达 2000 多间，被人们称为"城中之城"，是欧洲最为壮观的宫殿之一。如今，霍夫堡皇宫成为奥地利总统的办公地点。

霍夫堡皇宫

霍夫堡皇宫的特色建筑

英雄广场

　　在霍夫堡皇宫的正前方是英雄广场，英雄广场上矗立着两座铜制英雄雕像，广场的名字也由此而来。其中一座雕刻的是在 19 世纪时战胜土耳其人的萨弗伊公国欧根亲王，另一座雕刻的是击退了拿破仑的卡尔大公爵。两位英雄人物提缰勒马，骏马前蹄上扬，整座铜像的重量仅靠骏马两腿支撑，建造难度十分之高。这两座雕像在霍夫堡皇宫前遥遥相对，仿佛在守卫着皇宫和国家的安宁。

英雄广场上萨弗伊公国欧根亲王雕像

🏛 米歇尔广场

米歇尔广场位于霍夫堡皇宫的北侧，广场上的米歇尔楼是一座巴洛克风格的宫殿，由建筑设计师费迪南德·基施讷于 1893 年完成，这座宫殿的立面呈弧形，大门两侧以及顶部有雕刻精细的人物塑像，蓝绿色的圆顶上镶嵌着金色的装饰，宫殿两侧建立了喷泉，这些都使得宫殿看起来更加富丽堂皇。

与米歇尔楼相对的建筑是米歇尔教堂，这座建于 13 世纪的教堂曾经作为宫廷教堂为哈布斯堡王朝服务。晚期罗马式建筑风格的教堂主体庄严而肃穆，早期哥特式尖塔的顶部更加凸显教堂的宗教氛围，一些重要的宗教音乐表演常常在这里举办。

米歇尔广场上的米歇尔楼

🏛 瑞士人门

中世纪时期，欧洲人认为瑞士人十分忠诚，因此欧洲各国的国王会专门请瑞士人来把守宫门，哈布斯堡王朝当初建立霍夫堡皇宫时，就将正门叫作瑞士人门。

古老的瑞士人门建于 1522 年，大门呈红色，上面装饰着蓝色的横条纹，在大门正上方，哈布斯堡家族的双鹰家徽和皇冠闪耀着金色的光芒。

瑞士人门建立之初，城门外还设有护城河以及吊桥，随着时间的流逝，这些都已不复存在。

🏛 皇宫中的宝库——图书馆

霍夫堡皇宫中豪华的宫殿内是一间间装饰华丽的房间，房间内有数之不尽的珍宝，除了这些有形的珍宝，皇宫中还有一座独特的宝库，那就是位于皇宫中的国家图书馆。

国家图书馆位于皇宫中间部分，是世界上最华丽的图书馆之一。图书馆的历史可以追溯到 16 世纪，置身图书馆中，图书馆内的大理石廊柱、装饰的精美雕像以及收藏的精装古书能让人瞬间感受到这个国家的辉煌历史。

瑞士人门

位于宫殿中的国家图书馆一角

霍夫堡皇宫穹顶

弥漫着阿拉伯风的"宫殿之城"
——阿尔罕布拉宫

阿尔罕布拉宫位于西班牙安达卢西亚省北部的古城格拉纳达，坐落于古城东南部一个丘陵起伏的山地上。

"阿尔罕布拉"在阿拉伯语中意思为"红色"，宫殿的外墙以及宫殿所处的山体均呈红色，因此阿尔罕布拉宫又被称作"红宫"。傍晚，当落日的余晖撒在这座宫殿上，整个城堡宛如一颗璀璨的红宝石在山顶闪耀着光芒。

为抵御外敌而修建的城堡

阿尔罕布拉宫占地约 14.1 万平方米，集城堡、住所、王城于一身，

阿尔罕布拉宫

四周是高大结实的城垣以及城楼，是现今西班牙保存最完好的阿拉伯式宫殿。

西班牙地处欧洲，为何会有一座阿拉伯风格的宫殿呢？追溯西班牙的历史就会发现，西班牙曾经很长一段时间是由阿拉伯人统治的，外来文化的融合使得西班牙的文化呈现多元性。

8世纪初，阿拉伯帝国不断扩张，伍麦叶王朝的军队占领北非后，从北非跨海进入西班牙，并用7年时间征服了西班牙。阿拉伯人被当地人称为摩尔人，阿夫德拉曼一世成为西班牙的第一位摩尔国王，从此以后，摩尔人统治该地长达近800年。

摩尔人统治时期，摩尔人内部并不团结，彼此之间为了争夺地盘不断斗争，再加上半岛内部其他民族的反抗，导致西班牙被分裂成23个小国，其中一个便是格拉纳达王国，其他民族团结起来向摩尔人宣战，使得摩尔人的统治更加艰难。

13世纪中期，摩尔人的阿赫马尔王被迫迁都至格拉纳达，格拉纳达作为最后的据点，吸引了其他失去领地的族人汇聚至此，一时间，这里人才荟萃，文化发达，阿拉伯人的艺术成就在此时达到顶峰。

1248年，穆罕默德一世国王阿赫马尔想要在城中修建一座城堡来居住并抵御外敌，于是开始了阿尔罕布拉宫的兴建，在兴建宫殿的过程中，虽然时常有敌兵来犯，但国王及其两任继任者依然完成了宫殿的修建任务。如今，阿尔罕布拉宫呈现出的堡垒式外观正体现了其在特殊历史时期的抵御功能。

外表厚重，内有乾坤

阿尔罕布拉宫坐落于起伏的山地上，它依势而建，色彩鲜明，在郁郁葱葱的树木当中宛若一颗点缀于翡翠之上的珍珠。

从外表来看，宫殿厚重而沉闷，但是走进宫殿内部，才会发现里面别有洞天。阿尔罕布拉宫内部由四个主要的中庭组成，包括桃金娘中庭、狮子中庭、达拉哈中庭和雷哈中庭，四个中庭建筑的外围是对称式的建筑结构，而中庭内部则采用自由的建筑风格。在这四个建筑之中，最著名的当属桃金娘中庭和狮子中庭。

■ 美轮美奂的桃金娘中庭

在阿拉伯人心目中，一个花园应该拥有葱郁的绿树、盛开的鲜花、动人的音乐和潺潺的流水，桃金娘中庭具备了所有这些特点。

桃金娘中庭中央是一个长方形的水池，在水池两侧是平行的步行道，步行道外围整齐地排列着桃金娘树篱，该中庭的名字也由此而来。

在水池一端是由大理石柱廊构成的画廊，画廊之后便是正方形的大使厅，大使厅是国王专门接见大臣和外国使节的地方，大使厅中间是宏伟的呈阿拉伯建筑造型的方塔。水池另一端是一个漂亮的喷泉，站在喷泉旁边能看到方塔和画廊倒映在水中，静如一幅美好的画卷，微风吹来，池中荡起层层涟漪，为这幅画卷增添了灵动之感。

桃金娘中庭不仅庭院设计得美轮美奂，大使厅内部的装饰更是精美绝伦。大使厅内部为摩尔王设置了专用座位，供摩尔王接见大臣和外国使臣时使用。厅内的天花板由西洋杉木雕刻成星形，上面还设置着一些小窗，透过小窗，可以看到湛蓝的天空。厅内的墙壁上雕刻着造型精美而繁复的花样，这些雕花历经岁月打磨依然熠熠生辉。

桃金娘中庭庭院

构思巧妙的狮庭

狮庭是阿尔罕布拉宫中另一重要的庭院。穆罕默德五世继任王位后，不仅完成了遗留下来的建筑建造工程，还设计了令人叹为观止的狮庭。

狮庭的庭院中心是一座喷泉，这座喷泉由两部分组成，上面是一个大

狮庭

水钵，水钵中心是喷泉。下面是驮着大水钵的 12 头雕刻精致的白色大理石狮子，这些狮子尾部围成一个环状，头部向外，每头石狮子嘴里均有水流出。从石狮口中流出的水汇聚在水槽中，然后在庭院中流淌。

狮庭的大厅和回廊装饰得极具艺术性。回廊由 124 根大理石圆柱环绕撑起，拱形回廊上雕刻有精美考究的装饰，花纹繁复而精细，构成一幅极具美感的立体画卷。大厅四周的墙壁上镶嵌着蓝黄相间的彩砖，为狮庭添加了别样的色彩。大厅内部采用蜂巢状圆顶，由上千个窝洞组成，其建造工艺让世人惊叹。

狮庭中的狮子喷泉

狮庭中的"绿洲"

摩尔人来自阿拉伯，在阿拉伯人心目中，绿洲就是最美的天堂，而在绿洲中最珍贵的就是水源和郁郁葱葱的棕榈树。

摩尔人来到西班牙，依然心念故土，在建造阿尔罕布拉宫时，引入水源，让水流过各个宫殿，虽然无法移植绿洲中的棕榈树，但设计者在建造狮庭时巧妙地将撑起回廊的立柱做成棕榈树的造型，有的一根独立，有的两根一对，有的三根或四根一组，数量足足达到124根，远远望去，遍布廊柱的庭院就像布满棕榈树的绿洲。更可贵的是，这些石头棕榈树下，还有流水经过，正象征了绿洲中的泉水，给宫殿带来无限生机。

彰显文艺复兴风格的宫殿
——美第奇宫

美第奇宫位于意大利的佛罗伦萨市中心，是一座文艺复兴风格的宫殿。它本是美第奇家族的宫殿，1659 年，美第奇宫被卖给了皮卡尔迪侯爵，因此人们也称这座宫殿为"美第奇—皮卡尔迪宫"。

精明强干的美第奇家族

15 世纪，佛罗伦萨城市中有很多实力强大、颇具影响力的家族，身为银行家的美第奇家族是佛罗伦萨城市中最有影响力的家族之一。

科西莫·美第奇被称为"祖国之父"，他虽然在政府中没有明确的职位，但是政府中听命于他的却大有人在，因此他才是佛罗伦萨背后的掌舵人。

在科西莫·美第奇考虑为家族修建宫殿时，共有两位著名的建筑师向他提供过方案，他们分别是菲利波·布鲁内莱斯基与米凯洛佐，由于前者提供的宫殿设计稿过于豪华，最终科西莫·美第奇选择了后者的设计。

美第奇宫殿一隅

充满古典主义风格的美第奇宫

从平面图上看，美第奇宫是一座接近正方形的建筑，长40米，宽38米，宫殿共分为三层，最下面一层的外墙镶嵌着未加工的粗糙石头，让宫殿看起来像堡垒一样坚固。

虽然宫殿底层如堡垒一般，但是它采用了古罗马建筑的风格，这使得文艺复兴时期的人文主义在宫殿中得以体现。例如，宫殿采用罗马拱门，并在罗马拱门上方环绕拱石，窗台上装饰了科林斯式柱，在三层顶部装饰了古罗马式的屋檐，在檐口的底部，有卵锚式和齿形图纹，这些都体现了这座宫殿充满古典主义的建筑风格。

美第奇宫建筑细节

　　宫殿里面是一个庭院，庭院由希腊科林斯式连拱柱子围起来。宫殿的最上层（第三层）是寝室；第二层是正厅和小教堂，小教堂从地板到墙再到天花板上，都画满了戈佐利的壁画；宫殿的第一层则用于其他用途。

　　佛罗伦萨是欧洲文艺复兴的发源地，作为佛罗伦萨的实际统治者，美第奇家族为欧洲文艺复兴做出了重要贡献，美第奇宫的建造为后人留下了宝贵的建筑财富。

美第奇宫庭院

第五章

美国、德国、土耳其的宫殿建筑

位于世界各地的宫殿可以说是不同国家和民族建筑艺术的代表，体现了不同时期、不同地区建筑艺术的特点和美学精华。

　　美国的白宫、德国的无忧宫和新天鹅堡、土耳其的托普卡帕宫和贝勒伊宫都将各自国家和民族一定时期内的建筑水平体现得淋漓尽致。它们的美跨越了时间的长河，让人心醉，历久弥新。

美国总统府邸——白宫

　　白宫修建于 1792 年 10 月，位于美国华盛顿哥伦比亚特区，其不仅是哥伦比亚特区修建时代最早的建筑，也是世界知名的宫殿建筑之一。

　　白宫不仅是美国总统的居住地，还是其日常办公之地，而白宫在人们眼里也成为美国政府的化身。

白宫建筑的历史沿革

　　白宫最开始被称作总统大厦，从初建至如今 200 多年岁月里，白宫建筑群曾经历多次改建和扩新，但大体上仍保留着其建造之初的面貌。

　　1792 年 10 月 13 日，浩大的白宫建造工程正式拉开了帷幕，其建筑基址由美国第一任总统乔治·华盛顿选定，负责指挥现场施工的是爱尔兰建筑师霍班。5 年后，乔治·华盛顿总统离任，此时的白宫并未建造成功，只初具雏形。一直到 1800 年 11 月，美国的第二任总统约翰·亚当斯携家人搬进白宫，此时的白宫建筑群的内装修工程还在进行中。

　　在美国的第三任总统托马斯·杰斐逊居住白宫期间，白宫内饰和生活设施基本完工。从托马斯·杰斐逊开始，白宫正式对外开放，游人可在规

美国总统府邸——白宫

定时间内参观白宫建筑群内的指定区域，这一做法延续至今。

1809 年，美国第四任总统詹姆斯·麦迪逊入主白宫后，委任建筑师拉特罗布去重新装饰白宫及设计专用家具。经过一番装扮，白宫变得焕然一新，处处彰显华贵之美。新增的椭圆形大厅尤其奢华典雅。詹姆斯·麦迪逊及其妻子在居住白宫期间，每周都要举办一次国宴，邀请外交使团代表参加。在这些华丽的宴会上，往往聚集着各种身份显贵的人。

1814 年 8 月，英国军队攻入华盛顿，后在白宫内点起熊熊大火。白宫内部华丽的装饰、昂贵的家具都在大火中毁于一旦，只剩下部分石砌外墙和砖砌内墙。隔年，霍班被委以白宫的重建工作，他肩负重担，很快走马上任，主持起白宫的重修工程。经过两年多的努力，白宫重修竣工，外立面原本的灰色墙面也被粉刷成白色，从此，原本的"总统大厦""总统之宫"的称呼被"白宫"所取代。不久，詹姆斯·门罗总统就任，入主白宫。

在往后的岁月里，随着不断迎来新主，白宫也历经多次扩建、翻新和改建。比如，白宫北、南柱廊分别建于 1824 年和 1829 年。1848 年，白宫安装了煤气灯。1857 年，白宫西平台上建起玻璃暖房。

1948 年，杜鲁门总统在任期间，白宫又经历了一次较大规模的改建，内部重新装修，原有的家具也全部更换。白宫的这次改建、整修工程浩大，时间漫长，直到 1952 年才完全竣工。

白宫的建筑特色

⬛ 建筑风格：整体典雅、端庄、朴素

白宫为新古典风格砂岩建筑，整体风格典雅、端庄，其白色外墙又给人以朴素感。白宫建筑群带有着浓浓的英式建筑风格，这是因为建筑师霍班在最初设计白宫建筑时受到 18 世纪末英国乡间别墅的风格、造型的启发，并摘取一些欧式元素融入白宫的建造中。而在白宫之后的改建、扩新中，又不断地融入美式建筑风格，逐渐形成了白宫如今的样貌。

⬛ 建筑布局：由主楼和东、西翼组成

白宫坐南朝北，占地约 7 万多平方米，主要由主楼、东翼和西翼三部分建筑组成。白宫主楼共分为三层，即底层、一楼和二楼。进入主楼内部，会发现整座楼实则可分为 6 层，共 100 多间客房。

主楼一层有外交接待大厅、图书室、地图室、国宴室、白宫管理人员办公室等。其中外交接待大厅装饰华丽，每当外国政要前来拜访时，便会被迎入外交接待大厅，由美国总统亲自接见。图书室内面积不是很大，藏书丰富。地图室里则收藏有各种罕见、珍贵的地图。

美国总统及其家人居住在白宫主楼二层，这一层卧室众多。最著名的莫过于林肯卧室、皇后卧室等。

白宫西翼建成于 1902 年，其中最著名的是位于西翼内侧的椭圆形总统办公室。这间受全世界瞩目的办公室属于新古典主义巴洛克风格，其正

面墙上挂着美国第一任总统华盛顿的油画像。总统办公桌后，有三扇落地窗，既开阔了视觉空间，又能保证办公室内充足的光源。

　　每一任美国总统可按照个人审美来布置这间办公室，比如更换窗帘和地毯等。美国总统日常在此办公，也可在此接见到访的外国贵宾。

白宫南面的南草坪和喷泉

白宫东翼建成于 1941 年，其大部分对游客开放，包括东翼的前花园——著名的杰奎琳·肯尼迪花园，这里种着不少花卉，外围用树篱围起，游人们可漫步于此，尽情欣赏花园景色。

白宫南面的南草坪相当于白宫后院，被人们称为总统花园。园内风景宜人，古木参天，草坪齐整，草坪中的喷泉池也极具观赏价值。每年复活节时，美国总统和夫人都会在南草坪举办一场盛大的游园会。

与世界建筑史上其他国家的宫殿相比，白宫的历史并不悠久，但其独特的建筑风格还是给全世界的游客留下了深刻的印象，因此是美国热门景点之一。

沙丘上的宫殿——无忧宫

无忧宫位于德国波茨坦市，建于普鲁士国王腓特烈二世在位期间。因整座王宫建于一片广袤的沙丘上，所以又被人们称为"沙丘上的宫殿"。

无忧宫如今已经成为波茨坦市的地标性建筑，当年它曾是腓特烈二世的夏日行宫。其建造工期漫长，建成后吸引了全世界的目光。可以说，美轮美奂的无忧宫将 18 世纪德国建筑艺术展现得淋漓尽致，在世界宫殿建筑史上留下了浓墨重彩的一笔。

葡萄园中的快乐宫

无忧宫建造于 1745 年，虽由建筑师克诺伯斯多夫主导建造，但其最初的设计草图却出自普鲁士国王腓特烈二世之手。腓特烈二世在艺术

无忧宫

上颇有造诣，他希望在波茨坦建成一座类似于法国凡尔赛宫那样的充满浓烈的洛可可风格的宫殿，供自己在处理国事之余在此悠闲度过夏日时光。

在腓特烈二世的最初设想中，无忧宫应该是一座私人宫殿，露台宽敞，花园茂盛，充满大自然的野趣。在无忧宫的建造过程中，腓特烈二世时不时亲临现场监工，并不断地提出建议，要求建筑师们必须将他的想法都倾注于建筑细节中。在他的亲自参与下，无忧宫慢慢建成。

1747年，无忧宫的落成典礼隆重召开（此时无忧宫并未完全完工）。新落成的无忧宫成了腓特烈二世最喜欢的宫殿之一，此后的岁月里，除了战争时期外，他一年中差不多有一半的时间都在无忧宫中度过。

据说腓特烈二世十分热爱音乐，经常在无忧宫中举办小型音乐会，邀请亲信参加。于是，整座宫殿里不时回荡着悠扬的乐音，令人心旷神怡。无忧宫建成后，腓特烈二世又下令在宫殿周围继续修建花园和其他建筑，于是宫殿建筑群的规模越来越大，细节处也越来越完善。

腓特烈二世希望无忧宫能变成"葡萄园中的快乐宫"，绚丽多姿、充满果香，于是，他下令在宫内建起一排排玻璃温室，用来种植葡萄和无花果。沙丘上的斜坡上则种满了葡萄。重重绿意及水果成熟时的芳香气味令无忧宫里洋溢着勃勃生机，而宫殿墙壁上栩栩如生的绘画及随处可见的大理石雕像也将宫殿装扮得美轮美奂，充满了艺术气息。

1786年，腓特烈二世离开了人世。随后，整个欧洲战火不断，但无忧宫并未受到战火波及，始终保存完好。直到1840年，腓特烈·威廉四世即位后，下令对无忧宫进行了较大规模的改建，除了新增了不少建筑外，原有的建筑规模也得以扩大。从此，无忧宫更是声名远扬。

腓特烈二世的浪漫情怀和过人的艺术天分展现在无忧宫的建造过程中，也体现在无忧宫的建筑细节上。这座弥漫着浪漫田园气息的快乐宫里的建筑与景观是如此优秀、独特，深刻展现了 18 世纪德意志的艺术风尚。

1990 年，作为欧洲理性时代最为知名的皇家宫殿之一的无忧宫及周边园林被列入世界文化遗产。

无忧宫的建筑结构

无忧宫建筑群给人一种工整有序、典雅华丽的视觉感受，集普鲁士建筑风格和法国洛可可建筑风格于一身。

想要通往建于沙丘上的无忧宫，需要穿过一条平行的梯田式台阶（共

无忧宫花园一隅

6 层，100 多级）。拾级而上，华丽的宫殿大门慢慢近在眼前。作为 18 世纪最为知名的德意志王宫和园林，无忧宫虽然只有一层，但占地面积达到 90 公顷，整体富丽堂皇，气派十足。

无忧宫正殿中部的半圆球形顶十分引人注意，正殿两侧的建筑依次排开，为长方锥形。正殿中央的圆厅外柱上刻有不同姿态的女人雕像，显得优美华丽，整座正殿给人一种亦真亦幻的奇特美感。

宫殿内部有 12 个大厅，室内装饰独特而富有想象力，尤其是首相厅，四周墙壁镶金，且绘满壁画，无比瑰丽、璀璨。宫殿东侧的画廊珍藏着一百多幅文艺复兴时期的名人画作，腓特烈二世喜欢这里浓厚的艺术氛围，经常在此处理政务。西侧的绘画陈列馆里也珍藏着不少名画、佳作。

无忧宫主体建筑落成后，又陆续修建了花园和其他建筑，整体规模达到了 290 公顷，与中国的经典皇家园林颐和园规模相当。

著名景观

无忧宫内的著名景观有梯形露台及露台前端的喷泉、中国楼、新宫等，这些景观无不巧夺天工，别具美感。

🏛 梯形露台、喷泉和雕像

梯形露台建于 1744 年，建造时间早于无忧宫，当时在腓特烈二世的命令下，这片斜坡被规划成六个梯形露台，中间一条平行的梯田式六

无忧宫的石刻雕像

级台阶贯穿始终。露台承重墙上爬满了葡萄藤，露台前端则被绿色草坪覆盖，还种上了紫杉树，夏日微风吹过的时候，绿影婆娑，十分迷人。等到台阶上端的宫殿建成后，整座"葡萄山"便被装饰得更加精致、壮观。

无忧宫前建有一座大喷泉，四周衬有四座圆形花坛，花坛里立着不少石刻雕像。除此之外，整座无忧宫内的各个角落据说矗立着一千多座大理石雕像，都以罗马神话人物为主题，座座精美大气、栩栩如生。

🏛 中国楼

在无忧宫内，最特别的景观是一座六角凉亭，被称为中国楼。它虽然并不特别高大宏伟，却精致华丽，让人眼前一亮。

中国楼采用的是伞状圆顶设计，碧瓦金柱，在阳光下熠熠生辉。楼顶部铸有根据中国传说制作的镀金猴王雕像，楼前伫立着的各种人物雕像也都是镀金的，富丽堂皇。楼外壁青色与金色交织，映衬着周围的景色，给人以舒适、和谐的视觉观感。

腓特烈二世对于遥远的古中国十分好奇与向往，但因他一生中从未踏足中国，对古中国的了解极其有限，所以他下令建造的这座中国楼虽然含有不少中式装饰元素，比如楼内的桌椅完全遵循东方式样仿造，楼前草地上矗立着中式香炉等，但整体上还是以幻想成分居多，与真正的中国亭台建筑相差较远。

新宫

无忧宫内的建筑风格各异，就建于园林最深处的新宫来说，它是一座典型的巴洛克式宫殿，高耸雄伟，似乎比无忧宫更能彰显普鲁士皇家气派。

新宫修建时间较晚，建筑架构庞大，内饰奢华。来到新宫前，最先映入眼帘的是那高耸的圆形穹顶，气势盛大，华美异常。当时，腓特烈

雄伟的新宫

二世为了彰显国力，对新宫的建造倾尽心血，耗时多年才建成这座豪华宫殿。

新宫落成后，立马被当成了接待重要来客的贵宾楼，四方来客络绎不绝，无不对新宫豪华的室内装饰、天马行空的建筑设计赞叹不已。

浪漫的"童话世界"
——新天鹅堡

新天鹅堡位于德国巴伐利亚州，它是如今广受欢迎的迪士尼城堡的原型，因此其又得到了一个有趣的别名——"灰姑娘城堡"。

新天鹅堡是由 19 世纪末巴伐利亚国王路德维希二世亲自规划、设计并下令建造的行宫，它坐落在群山之中，高耸、浪漫的外形映衬着山景，美得让人惊叹。在很多游客心中，新天鹅堡地位独特，是世界上最美丽最梦幻的城堡之一。

路德维希二世与他的梦幻城堡

1868 年，新天鹅堡的建筑工程正式开启。路德维希二世为其选定的

新天鹅堡

建造地址位于德国罗曼蒂克大道的终点、阿尔卑斯山麓之上。

新天鹅堡的建造历程十分曲折，极具戏剧性。这要从有着"童话国王"之称的路德维希二世的童年生活说起。路德维希二世自小生活在高天鹅堡里，这座城堡由他的父亲马克西米利安二世建造而成。

高天鹅堡高大华丽，馆藏丰富，四处弥漫着艺术气息，在这样的氛围中，路德维希二世逐渐长大，他喜欢听神话故事，更对诗歌、音乐、绘画、戏剧等极其痴迷，这些爱好都丰富了他的想象力，滋养了他的艺术才情。

15 岁时，路德维希二世看了德国著名剧作家瓦格纳的浪漫歌剧《罗恩格林》，这让他深受震撼，并对歌剧中所传颂的天鹅骑士产生了一种追求与向往之情。

在路德维希二世即位后，他十分想建造一座完全符合自己心意的城堡，而瓦格纳的作品激发了路德维希二世的艺术灵感，据此他提出很多奇思妙想，并邀请了当时知名的剧院画家和艺术家根据自己的想法绘制了城堡的草图。这些设计稿也充分契合路德维希二世对于心目中的城堡的设想和构思——令城堡完美融入天然山景之中，在群山和湖泊的衬托下，突出城堡春夏秋冬四季不同的美，创造一个童话般的世界。

在路德维希二世的设想中，他的梦幻城堡至少得有 360 个房间，然而，直至他去世时，新天鹅堡全部完工的房间却仅有 14 个。新天鹅堡的建造花费了巨额资金，为了收回成本，1892 年，这座城堡仓促地举办了落成仪式，便迅速对巴伐利亚臣民和全世界的游客付费开放。

随着新天鹅堡声名渐盛，路德维希二世也成为德国历史上最具影响力的君主之一，时至今日，人们谈起这位童话国王和他的梦幻城堡还是津津乐道，神往不已。而新天鹅堡也成为巴伐利亚最珍贵的文化遗产。

浪漫而瑰丽的童话世界

　　新天鹅堡也被人们称为白天鹅堡，只因城堡通体为白色，到了冬天，高耸的城堡与阿尔卑斯山麓上的皑皑白雪相互映衬、相得益彰，那美不胜收的景象吸引着游人们纷至沓来，流连不已。

　　这座梦幻城堡占地面积达到 4000 多平方米，一共 6 层，除了宫殿、庭院外，还包括裙楼、塔楼、门楼等建筑，层叠错落而又主次分明、精致非凡。城堡内的建筑有的高大、繁复，带有浓浓的罗马式建筑风格，有的在内部装饰细节上则呈现出典型的哥特式建筑风格和巴洛克式建筑风格，处处彰显着路德维希二世独特而又非凡的品位。

新天鹅堡内部一隅

　　进入新天鹅堡，缓缓走在城堡二楼的红色回廊里，仿若漫步在玫瑰色的梦境里，给人一种强烈的不真实感。极具风格的壁画、挂毯和随处可见的天鹅元素将新天鹅堡装点得极其瑰丽、美好。经过红色回廊，拾级而上，来到四楼，这里是国王的起居室。路德维希二世选取了瓦格纳歌剧舞台背景中的某些元素，并结合哥特式风格来设计自己的寝室，尤其是那张木质雕花床，极其精美、珍贵，多位雕刻家耗费数年心血才完成这件珍品。

　　最能体现新天鹅堡内部装饰华丽程度的莫过于王座厅，它高 15 米，长 20 米，马赛克地板上绘制着数不尽的动植物图案，与绘有太阳和璀璨群星图案的圆形天花板遥相呼应，给人以无比震撼的视觉观感。王座厅四边墙上绘制着栩栩如生的宫廷壁画，每当厅顶的黄铜吊灯亮起，壁画中的人物在灯光的映照下仿佛活了过来，生动无比。

　　除了王座厅外，新天鹅堡中的歌手厅也很有名，它的设计灵感来自德国瓦特堡城堡，而最终建成的模样却比瓦特堡城堡还要精美、奢华，尤其是歌手厅从厅外长廊延伸至厅堂的巨幅油画，壮丽恢宏，十分醒目。

　　新天鹅堡开窗众多，使得城堡内部空气流通、光线充足，而一扇扇窗户也成为城堡装饰的亮点，从城堡内部望出去，那些窗户仿佛一个个小画框，框住了窗外的天然美景。新天鹅堡内的窗户大多是罗马式圆拱窗，造型较为简单，成组出现时显得尤其规整，给人和谐的视觉观感。

　　新天鹅堡外形独特、美丽，是很多人心目中既浪漫又瑰丽的童话世界，更成为现代很多建筑师、设计师源源不断的灵感来源。

　　这座兼具历史价值和艺术审美价值的城堡因此受到人们的热捧，成为世界范围内热度最高的旅游景点之一。

新天鹅堡窗户细节

新天鹅堡雪景

奥斯曼帝国建筑的代表作——托普卡帕宫

托普卡帕宫又被称为奥斯曼"老皇宫",建于 1459 年,位于土耳其伊斯坦布尔市的黄金角海湾南岸。在奥斯曼帝国鼎盛时期,托普卡帕宫地位显赫,一直是帝国权力中心,在长达 400 年的时间里,这里曾居住过 20 多位苏丹(即君主)。直到 1923 年,土耳其共和国成立后,托普卡帕宫被改为博物馆,珍藏的文物种类丰富,数量众多。

托普卡帕宫不只是奥斯曼时期宫殿建筑的优秀作品之一,其在世界宫殿建筑史上也都有着广泛的影响力。这座宫殿依山傍海而建,气势磅礴,规模浩大,整体面积达到 70 万平方米,前后一共有 7 座大门,其中 4 座大门朝向陆地,剩余 3 座则朝向海洋。宫殿外围的城墙建于 15 世纪,高大坚固,加上独特的地理位置,令整座托普卡帕宫变成一座"城中之城",易守难攻。

皇宫内部由四大庭院、后宫及其他建筑物构成,相互间以曲折的回廊

托普卡帕宫

贯穿连接。宫殿内的建筑物大多为一层，较为低矮，它们规则地分布在庭院四周，郁郁葱葱的树木、精美的水池则点缀其间，尤其在炎炎夏日里给人们带来重重绿意与凉意，格外令人心旷神怡。

四大庭院中，第一庭院面积最大，而想要到达第一庭院，就要穿过帝王之门。帝王之门建于1478年，是一面高大、坚固的石门，位于皇宫南面。帝王之门中间的拱门顶部刻有奥斯曼文字，饰以金箔，廊下两侧分别是守卫的房间。

穿过帝王之门，便来到第一庭院。第一庭院内曾修建的各式各样的宫廷建筑都在历史行进过程中逐渐消失，如今保留的有著名的圣伊莲娜教堂、帝国铸币局等。经过崇敬门后，便来到第二庭院。第二庭院大约建于1465年，曾是风景秀丽、遍布孔雀的公园，亦是苏丹会见群臣之处。环

托普卡帕宫内部一隅

绕第二庭院的建筑有帝国医院、帝国议会、马棚、御膳房等。

群臣止步于第二庭院，只有苏丹才能穿过吉兆之门，进入第三庭院。第三庭院又称为内宫，四周矗立着不少精巧的私人宫殿以及后宫建筑群，绿影婆娑，空气清新。

第四庭院则藏在托普卡帕宫最深处，原先它被人们认为是第三庭院的一部分，直到近些年来，业内学者们才将其与第三庭院分隔开，冠以第四庭院之称，其内亦包含一些宫殿、亭楼等。

整座托普卡帕宫里，知名的建筑物有很多，比如 1472 年修建的彩石砖阁、谒见厅、圣堂，1638 年建造的巴格达亭以及位于帝国议会和后宫之间的正义之塔等，无一不形制独特，装饰华丽。

托普卡帕宫被改为博物院后，共规划出多间展馆，分别为土耳其国宝

帝王之门

馆、历代苏丹服饰馆、瓷器馆、古代刺绣馆、古代武器馆、古代钟表馆等。在历代苏丹服饰馆里，陈列着珍贵的丝质皇袍，据说这些皇袍就是用经过"丝绸之路"运到伊斯坦布尔的中国丝绸制作的，其质地细腻、柔软，颜色鲜艳耀眼，一直属于宫廷珍品。

另外，托普卡帕宫的瓷器馆里还珍藏着数目惊人的中国宋、元、明、

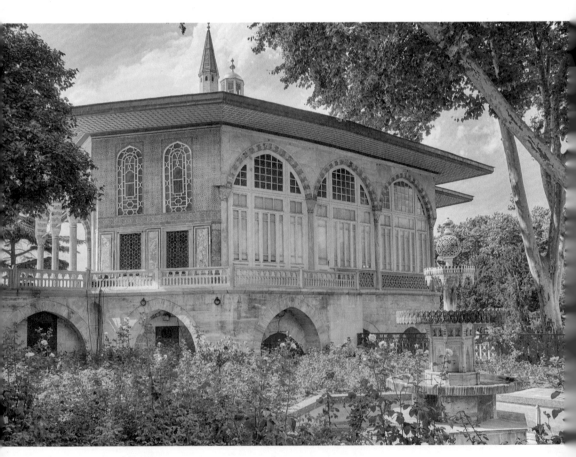

巴格达亭

清时期的瓷器，包括青花瓷、彩瓷和镶宝石瓷器，尤其 40 件高品质的元青花格外引人注目。除此之外，这里的珍贵馆藏还包括历代苏丹的王冠、宝座、镶满钻石的甲衣等，不胜枚举。

正义之塔

托普卡帕宫绚丽灿烂的穹顶设计

托普卡帕宫属于典型的奥斯曼建筑，奥斯曼建筑深受拜占庭建筑的影响，一般有着巨大的圆形拱顶，而建筑师们大多都很注重建筑内部的穹顶设计。

在托普卡帕宫，建筑穹顶之美总是让人印象深刻，赞叹不已。尤其是后宫中的绝大多数建筑，当初建筑师在设计这些建筑的穹顶时都运用了大面积的精巧繁复的纹饰作为装饰，这些纹饰远看十分规整，能产生一种震撼、壮观的视觉效果，宛如万花筒般璀璨绚丽；近观更觉别致、独特，十分动人心魄。当人们站在建筑穹顶之下向上仰望，总会迸发出无限的想象力，醉心于这种宏大而又精致的美。

托普卡帕宫色彩绚丽的穹顶

宛若梦境的宫殿
——贝勒伊宫

贝勒伊宫是 19 世纪苏丹阿布都拉兹下令建造的夏宫，大约修建于 1861 至 1865 年间。这座宫殿位于土耳其传奇之城伊斯坦布尔博斯普鲁斯海峡的亚洲区沿岸，通身用白色大理石建筑而成，远远望去，仿若游弋于蔚蓝海水上的一艘白色巨轮，给人以如梦如幻之感。

贝勒伊宫被很多人赞为世界上最美的宫殿之一，其建筑细节处处彰显着典型的巴洛克风格。其中，苏丹们生活、娱乐之地——"夏垒"既奢华又典雅，其庭院里种满了玉兰花和其他奇花异草，在鲜花盛开的季节，海风将醉人的芳香送往宫殿各个角落，闻之令人身心舒畅、心旷神怡。

另外，贝勒伊宫接待大厅的设计也很别致，接待大厅里最显眼的装饰是水池和喷泉，在炎炎夏日，喷泉吐出的晶莹水珠像是一串串精美的透明的项链，为人们送去阵阵凉意，令人们流连忘返。

贝勒伊宫

第六章

日本、印度、埃及的宫殿建筑

日本与印度宫殿建筑具有典型的东方建筑和文化特色，同时又极具民族特色，是世界宫殿建筑的重要组成部分。

　　埃及宫殿建筑以其地域文化特色而引人注目，为世界宫殿建筑体系增添了浓墨重彩的一笔。

清幽雅致的神秘宫殿
——皇居

东京皇居位于日本东京，原为幕府将军德川家康的军事城堡，在明治天皇时期成为皇宫，曾毁于战火，现存建筑为 1968 年依原貌重建。

由于日本东京皇居并不对外开放，皇宫内部每年开放两次，分别在天皇诞生日、新年（1 月 2 日）。因此，非政要人物很难看到皇居内部的建筑结构与庭院景色。

公众可进入皇居东面的东御苑参观游览，东御苑是皇室的大花园，它与东京北之丸公园相邻，树木茂密，市民可来此散步休闲，也可以参观尚藏馆中收藏的天皇的艺术品。

在皇居外苑，人们可以看到皇居护城河、二重桥以及皇居内部部分建筑的外观，灰瓦白墙以及厚重的宫墙给人以庄严肃穆之感。

皇居的建筑最初为木结构建筑，后遭战火焚毁，新建的皇宫保留了日本传统建筑风格，宫殿建筑框架掺入青铜，建造成古朴的做旧风格。

东京皇居

东京皇居的二重桥

威严而宁静的宫殿
——京都御所

京都御所位于日本京都市，原为天皇住所，后成为天皇的行宫。京都御所为木结构建筑宫殿，曾多次被焚，现在的京都御所为孝明天皇时期重建，四周建墙垣，内有大殿、名门、堂所。

各具特点的主要建筑

■ 紫宸殿

紫宸殿，又称南殿、前殿、常大内，是京都御所中最大的宫殿建筑，大殿主要用于举行让位、即位大典和重大仪式。

紫宸殿建筑选用刺柏建造而成，是一座全木结构的宫殿，屋顶采用刺柏铺设。殿内设有分别供天皇和皇后坐的"高御座"和"御帐台"。

从建筑布局来看，紫宸殿的中间为主屋，四周设厢房，殿前建 18 级木台阶。整个宫殿呈对称分布，东西约 33 米，南北约 23 米，整体宽大稳重、庄重肃穆。

紫宸殿

御学问所

御学问所位于紫宸殿的东北方向，是天皇读书的场所，有时也被用来接见亲王或举行歌会。

御学问所为木结构建筑，在建筑设计上具有浓郁的书院风格，室内绘有中国洞庭湖和岳阳楼的大型壁画；室外地面铺白砂，常开展蹴鞠活动，故又名蹴鞠庭。

御学问所

📖 建礼门与承明门

建礼门位于紫宸殿的正南方向，通常处于关闭状态，仅供天皇举行重要大典和仪式时通过，在重要外宾来访时亦会打开。建礼门拔地而起，两侧设小门，门上均建有屋檐，中间大门屋檐厚重，前方呈"凸"字形隆起，檐下有精美木雕，施彩绘，精致而庄重。

承明门为木质建筑，有5间、3门、12柱，其左右两侧分别建有日华

建礼门

承明门

门、月华门，均为中国建筑风格的门，在举办重大仪式时通过。承明门建筑色彩明快，朱门红柱，简洁大气。

秀丽的庭院风光

京都御所内有多处风光秀丽的园林，其中御池庭面积最大，御内庭次之，前者阳刚大气，后者阴柔小巧。

御池庭是一座舟游式庭园，有一池三岛，各岛之间及与陆地之间以各种风格的桥相连，可信步桥上，亦可乘舟游览。

御内庭中曲水贯穿全园，水流上架八字桥，是赏景纳凉的好去处。

京都御所庭院风光

古印度最后风采的见证者
——红堡

红堡位于今印度新德里以北的老德里，是古印度莫卧儿王朝的皇宫，见证了莫卧儿王朝几百年的兴衰。

气势非凡的红色城堡

德里红堡由红色砂石建造而成，外观呈现红褐色，故名红堡。

大约在公元前 188 年，统一印度的孔雀王朝灭亡，之后，群雄割据，红堡则是莫卧儿帝国时期建立的宫殿建筑。

古印度莫卧儿王朝第五代皇帝沙·贾汉为纪念自己的爱妃泰姬·马哈尔，以举国之力修建了举世闻名的泰姬陵，也修建了这座如今被列为世界

红堡

文化遗产的红堡，红堡建造前后耗时约十年才完成，莫卧儿王朝从阿格拉迁都至德里后，红堡成为皇宫。

德里红堡位于印度亚穆纳河西岸，长约900米，宽约500米，规模宏大。红堡的外围有护城河，红砂石所筑的厚重城墙高十几米，城墙高耸，气势非凡，兼具美学和防御功能。

独特的建筑风格

德里红堡是典型的莫卧儿风格的伊斯兰建筑，其与阿格拉红堡相似，但建筑更加磅礴、精巧、复杂。

德里红堡呈八角形，在建筑设计上融入了波斯、印度和伊斯兰建筑特色，整个建筑大量运用对称结构，这种建筑风格以国王的名字命名，被称为沙·贾汉风格。此后莫卧儿建筑均延续此建筑风格。

红堡内有许多功能明确的建筑，包括皇帝的宫殿、公众厅与私人厅等，皇帝在不同的宫殿接见不同身份的大臣和使者。枢密宫是红堡内最大的宫殿，是皇帝接见重要大臣的场所，这里全部用白色大理石建造，通过其建筑设计和工艺足以想见莫卧儿王朝当年的盛况和红堡的辉煌。

红堡的御座大厅中原放有黄金打造、周身镶嵌宝石和钻石的沙·贾汗孔雀王座，曾被掠往波斯，后下落不明。

除了国王处理政务和居住的宫殿，红堡内还有许多休闲场所，如戏台扎法馆、用于观赏水上歌舞的沙旺台、花园。这些建筑也均采用对称设计，部分建筑建有台基，周围有蓄水池，池中有水时，建筑倒映水中，更增添了几分意境美。

　　红堡内部的宫殿建筑用大理石与红砂石砌成。整体给人庄重古朴之感，同时又注重建筑细节的装饰，石柱、墙壁、顶部均有精美的雕刻，窗棂镂空、镶嵌宝石，充分彰显了皇家宫殿的富丽堂皇。

　　精致的建筑雕刻，建筑的布局与设计，以及厚重的历史感，使得德里红堡充分体现出极致的建筑艺术美。

枢密宫

红堡内部宫殿

壮美的红堡拱门

被花园包围的宫殿
——蒙塔扎宫

　　蒙塔扎宫，又称法鲁克夏宫、蒙塔扎宫花园等，位于今埃及亚历山大市、地中海西岸，是埃及末代国王法鲁克的行宫，现为埃及国宾馆。

　　蒙塔扎宫由赫迪夫·阿拔斯二世主持建造，整体建筑兼具佛罗伦萨建筑风格与土耳其建筑风格。

　　宫殿紧邻平静祥和的地中海，在王宫内部的高处，可俯瞰地中海，也因此，这里是王室重要的行宫和避暑胜地。

　　在蒙塔扎宫的周围，是风景优美、树木葱郁的园林和种植了各种花卉的花园，整个蒙塔扎宫被一个超级庞大的花园环绕着。独特的建筑风格与滨海风光使这座宫殿吸引了许多来自世界各地的游客。

　　目前，蒙塔扎宫的王宫并不对外开放，但公众可以欣赏到蒙塔扎宫周围的美丽花园和滨海风光。

蒙塔扎宫

频频出现的字母"F"

很多细心的游客会发现，在蒙塔扎宫外观，很多地方都出现了字母"F"，其实，在蒙塔扎宫的内部，有很多家具和陈设上也有字母"F"。

相传，古时埃及人认为，字母"F"是非常幸运的字母，法鲁克国王的父亲艾哈迈德·法赫德国王也认为字母"F"能为皇帝及其后人带来好运。因此，艾哈迈德·法赫德在蒙塔扎宫的建筑中和家具陈设布置中大量选用了字母"F"做装饰。

此外，艾哈迈德·法赫德为自己的子女取名字的时候也选用了字母"F"，法鲁克的名字开头便是字母"F"。法鲁克也将这一传统延续了下来，蒙塔扎宫的字母装饰也得以保留。

第七章

其他国家的宫殿建筑

世界各地不同宫殿各具特色，丰富多彩，凝结了不同地域的历史文化与风土人情。

　　具有文艺复兴色彩的梵蒂冈宫殿、建在木桩上的荷兰阿姆斯特丹王宫、风格独特的比利时布鲁塞尔皇宫、布局严谨的韩国景福宫、凸显暹罗建筑艺术特点的泰国曼谷大皇宫，这些宫殿分布在世界各地，散发着迷人的文化与建筑魅力。

梵蒂冈宫殿

梵蒂冈（梵蒂冈城国）是一个很特别的地方，它是世界上面积最小的国家（国土面积0.44平方千米），也是一座大的城堡，它的首都与宫殿融为一体，居民数量不过千人，较为出名的建筑主要有圣彼得大教堂、梵蒂冈宫、梵蒂冈博物馆、圣彼得广场等。由于国土面积小，这些建筑也彼此紧邻，建筑功能也很难严格区分开。

在梵蒂冈城的周围，建有高高的围墙，这些围墙将梵蒂冈三面环绕起来，与罗马市隔开，在梵蒂冈的东面，圣彼得广场由内向外延伸，一直通向城堡外，与罗马市的街道畅通无阻。

整体来看，梵蒂冈城的建筑呈现出一个巨大的不规则的三角形，成为一道独特的风景。

梵蒂冈宫位于圣彼得广场对面，其建筑设计者是意大利著名的建筑师多纳托·布拉曼特，这位著名的建筑师在建筑上拥有伟大的构思与创想，他的建筑风格奠定了文艺复兴时期建筑的基础，这一风格的建筑也往往被

梵蒂冈城

梵蒂冈圣彼得大教堂和西斯廷教堂

称为布拉曼特式建筑，梵蒂冈宫正是这一建筑风格的代表作之一。

梵蒂冈宫内有教堂、礼拜堂、博物馆、美术馆、图书馆等。其中，梵蒂冈宫内的小西斯廷教堂举世闻名，其内部保存有米开朗基罗花费 4 年时间绘制的巨型壁画《创世纪》和《最后的审判》，被认为是文艺复兴时期绘画艺术发展巅峰时期的代表作，此外，拉斐尔的三幅壁画《雅典学院》《巴尔纳斯山》《圣典辩论》也是文艺复兴时期乃至当前欧洲绘画中的伟大的艺术作品。

梵蒂冈西斯廷教堂壁画

荷兰阿姆斯特丹王宫

在荷兰王国的首都，有一座举世闻名的宫殿建筑，它是公认的 17 世纪建筑史上的一个奇迹，被誉为"木桩上的宫殿"，这座宫殿正是荷兰的阿姆斯特丹王宫。

阿姆斯特丹王宫的建筑规模

阿姆斯特丹王宫是荷兰四座王宫之一，始建于 17 世纪，原为市政厅，后成为荷兰国王路易·波拿巴的宫殿，现在仅用于皇室接待国家元首或举办王室重要活动，部分房间可供游客参观，王室成员并不居住于此。

阿姆斯特丹王宫位于市中心水坝广场的西侧，王宫的正前方伫立着战争纪念碑，王宫的左侧是新教堂，附近有杜莎夫人蜡像馆，周围还有中央

阿姆斯特丹王宫

火车站、美食街，是著名的旅游景点。

　　阿姆斯特丹王宫于 1648 年筹备修建，由设计师亚寇·望·康朋设计督建，前后历时约 8 年建成。

　　整体来看，阿姆斯特丹王宫外观宏伟方正，给人以庄严肃穆之感，整个宫殿有五层，在王宫中央的建筑外顶部有精美的建筑浮雕，刻画了荷兰传统神话中海神的形象与故事。

　　阿姆斯特丹王宫的地基大致分为两部分，地下较深的部分为木桩地基，由 13659 根深入地下十余米的木桩组成，木桩之上铺设石块构成石头地基，地基之上再建王宫。以木桩为地基成为阿姆斯特丹王宫的一大建筑特色，"木桩上的宫殿"一名也正由此而来。

阿姆斯特丹王宫的建筑装饰

在阿姆斯特丹王宫的内部，可以看到大理石地板铺成的地面，宫殿内部有宽敞的大厅、廊柱及雕刻精美的墙壁，几乎每一个雕塑都有其代表的神话故事或传说。

阿姆斯特丹王宫内部装饰

在挑高的天顶位置或天顶位置附近，有巨型绘画做装饰，王宫内部有巨大的水晶灯补充光源，整个宫殿看起来古色古香，体现出浓郁的哥特式建筑特色。

王宫还有许多小一些的房间，这些房间各有特色，装饰奢华，家具、壁画等精美华贵，具有鲜明的王室贵族特色。

王宫的二楼，主要是卧室（原为办公室或会客厅），在王室成员曾居住过的卧室中可以看到王室成员的群像或等身像，在曾安顿过其他国家元首的房间中，有许多描绘《荷马史诗》《圣经旧约》中人物和故事的绘画，这些绘画大多表现了公平、廉洁、和平等主题，契合了王宫原作为市政厅时的政务功用。

从最初的市政厅成为王室曾经居住的宫殿，造就了阿姆斯特丹王宫建筑外观朴素庄重和内部装饰奢华精美的特点，这里也成为世人了解 17 世纪的荷兰政治和历史的重要文化窗口。

阿姆斯特丹王宫顶部雕刻与建筑

在阿姆斯特丹王宫的顶部正上方，有一个铜女神雕像，她手持橄榄枝和商神杖，表达了荷兰王国历史上经历长久的战争后人们对和平与商业繁荣的美好期盼。

阿姆斯特丹王宫的顶部建有一个圆顶八角形塔，它实际上是一个钟楼，也是一个瞭望亭，据说站在亭中可以看到远处进

出港口的船只，钟楼顶部的金色船型风向标，是阿姆斯特丹的
象征。

　　这种通过建筑雕塑表达人们美好愿望的建筑装饰在欧洲建筑
中大量出现，是欧洲建筑文化的一大特色。

阿姆斯特丹王宫圆顶八角形塔

比利时布鲁塞尔皇宫

　　比利时的布鲁塞尔市区分为上城和下城两部分，中间以中央街为界限。众多壮美瑰丽的建筑，如王宫、大法院、大教堂等均位于上城区。布鲁塞尔皇宫处于城市的中心位置，城市的其他建筑围绕皇宫辐射展开。

　　布鲁塞尔皇宫是比利时最雄伟的建筑之一，虽然皇宫建造得华美富丽，但是国王和皇后并不在此居住，这座皇宫只是国王的办公地点，国王在此接见大臣或外国使臣。

　　历史上的布鲁塞尔皇宫被法国人所摧毁，如今展现在世人面前的皇宫是 17 世纪重建并在 19 世纪投入使用的。1904 年，布鲁塞尔皇宫又经过翻新。皇宫四面采用巴洛克式建筑风格，外墙上布满了浮雕，皇宫内部的装饰参考了法国凡尔赛宫的设计，内墙上挂了大量的壁画，天花板上装饰着璀璨的水晶灯饰，显现出奢华的皇家气派。

　　布鲁塞尔皇宫是皇家财富的象征，在布鲁塞尔皇宫周围矗立着中世纪建造的各种风格的建筑，著名的天鹅咖啡馆、布鲁塞尔市政厅、布鲁塞尔城市历史博物馆均位于皇宫附近。

布鲁塞尔皇宫

韩国景福宫

景福宫位于韩国首尔，建于 1395 年中国明太祖洪武年间。景福宫作为朝鲜王朝的王宫，是首尔现存的最古老的古代王宫建筑。景福宫之名出自《诗经》中的"君子万年，介尔景福"，王宫的大小与规制与中国亲王规制的郡王府相同，建筑颜色采用丹青之色。景福宫自建立以来，曾遭受多次破坏，如今呈现的景福宫是经过多次重建和修复之后的样子。

景福宫整体呈正方形，共有四个门，分别为：南门—光化门、东门—建春门、西门—迎秋门和北门—神武门，其中光化门为宫殿正门。

景福宫中包含多座建筑物，勤政殿是其中较大的一座。勤政殿是景福宫的正殿，曾是国王登基和国王上朝处理国事的地方。勤政殿整体采用木质结构，气势庄严恢宏，是当时全国最大的木质结构建筑。

勤政殿建于两坛月台之上，为重檐式大殿，大殿内设有国王的御座，大殿顶上是造型秀丽的藻井，殿身周围绕以回廊，殿前是百官朝会的广

景福宫

景福宫光化门

场，广场共分为三条道路，中间稍高为国王御道，两边稍低为大臣行走的道路。

思政殿位于勤政殿之后，是国王思考国家大事、处理政务的大殿。康宁殿是国王的起居之所；万春殿和千秋殿是两座便殿，分别位于思政殿的东、西两侧。

站在勤政殿向西望去，就能看见建于人工池塘之上的庆会楼。庆会楼是国王为了庆祝或迎接外国使臣时举行宴会的地方。庆会楼建于朝鲜太宗十二年（1412 年），共有两层，一层以石柱支撑，二层为房间。远远望去，仿佛是阁楼漂浮于池塘之上，灵动而飘逸。

景福宫勤政殿

景福宫庆会楼

泰国曼谷大皇宫

泰国的大皇宫位于首都曼谷，是一座金碧辉煌的宫殿。看到这座宫殿的人都被这座散发着金色光芒的奢华宫殿所震撼，被宫殿中华丽的装饰所吸引。

曼谷王朝的皇宫

泰国阿瑜陀耶王朝时期，首都位于大城（阿瑜陀耶），之后吞武里王朝成立后将首都移至湄南河畔的吞武里城。

吞武里王朝虽然统一了四分五裂的泰国，然而吞武里王朝并未持续很久，1782 年，一些民众趁军队外出镇压柬埔寨起义时发起政变，吞武里王朝结束。

　　昭披耶·却克里将军后来建立了新的政权，他自称拉玛一世，开启了延续至今的却克里王朝。国王将都城移至河对岸的曼谷，并在那里建立了曼谷大皇宫。

曼谷大皇宫

光彩夺目的曼谷大皇宫

　　自曼谷大皇宫修建以来，历任统治者都花费大量的金钱与时间来建造宫殿，正是这些统治者的共同努力，才打造出如今光彩夺目的曼谷大皇宫。

　　皇宫中镀金的墙壁让宫殿看起来富丽堂皇，精致的透花装饰显示出匠人们精湛的手艺，墙上生动的人工彩绘展现出泰国高超的绘画艺术，曼谷大皇宫集合了全国最先进的雕刻、装饰以及绘画艺术，是一座名副其实的艺术瑰宝。

　　曼谷大皇宫共有22座建筑群，其中摩天宫殿建筑群、节基皇殿建筑群、玉佛寺建筑群以及武隆碧曼宫从东向西呈一字排开，为曼谷大皇宫中的4座主要建筑群。建筑的屋顶使用泰国典型的三顶式结构，绿色的瓷砖铺成的屋脊、紫红色琉璃瓦屋顶以及金色的凤头飞檐共同凸显出宫殿的富丽与庄严。

曼谷大皇宫建筑一隅

参考文献
REFERENCES

[1]《看图走天下图书》编委会．走进世界著名宫殿 [M]．广州：广东世界图书出版公司，2009.

[2]《亲历者》编辑部．日本自助游（第 2 版）[M]．北京：中国铁道出版社，2019.

[3][俄]H.A. 约宁娜著，宋洪英、金华、贾梁豫译．印证人类文明的 100 座宫殿 [M]．北京：经济日报出版社，2005.

[4] 蔡燕歆．中国建筑 [M]．北京：五洲传播出版社，2010.

[5] 曾微隐，黄丹．世界文化小百科 [M]．长春：吉林人民出版社，2010.

[6] 陈桥驿．中国都城辞典 [M]．南昌：江西教育出版社，1999.

[7] 丁牧．世界建筑的历史 [M]．北京：中国商务出版社，2018.

[8] 董玉明，盛红，于巧林．建筑旅游学 [M]．北京：中国海洋大学出版社，2007.

[9] 冯炜烈等．雅典华贵的宫殿建筑 [M]．天津：天津人民美术出版社，2006.

[10] 韩欣 . 世界名宫（上）[M]. 北京：东方出版社，2007.

[11] 黄佳 . 中国皇家建筑百问百答 [M]. 合肥：黄山书社，2014.

[12] 李龙，颜勤 . 中外建筑史 [M]. 北京：科学技术文献出版社，2018.

[13] 李文芳 . 中国名胜索引 [M]. 北京：中国旅游出版社，1987.

[14] 李宇宏 . 外国古典园林艺术 [M]. 北京：中国电力出版社，2014.

[15] 林之满 . 话说世界 [M]. 沈阳：辽海出版社，2008.

[16] 漫步世界编委会 . 漫步世界看古迹 [M]. 北京：中国铁道出版社，2015.

[17] 欧声明，覃远东 . 世界屋脊的文化 [M]. 北京：人民教育出版社，1994.

[18] 潘谷西 . 中国古代建筑史（第 4 卷）：元、明建筑 [M]. 北京：中国建筑工业出版社，2009.

[19] 宋文 . 中国传统建筑图鉴 [M]. 北京：东方出版社，2010.

[20] 宋犀堃 . 人一生要去的地方：外国卷 [M]. 珠海：珠海出版社，2014.

[21] 宋晓明 . 解密大清皇宫 [M]. 北京：中国华侨出版社，2008.

[22] 苏华，红锋，连爱兰 . 图说西方建筑艺术 [M]. 上海：上海三联书店，2008.

[23] 孙玉琴，袁绍荣．世界旅游经济地理（第 4 版）[M]．广州：华南理工大学出版社，2007.

[24] 探索发现丛书编委会．举世闻名的辉煌宫殿 [M]．武汉：长江出版社，2015.

[25] 王徽．古代城市 [M]．北京：中国文联出版社，2009.

[26] 王子林．明清皇宫陈设 [M]．北京：紫禁城出版社，2011.

[27] 魏黎波．中国传统文化十讲 [M]．北京：科学出版社，2018.

[28] 肖瑶，田静．中国古代建筑全集 [M]．北京：西苑出版社，2010.

[29] 邢春如．世界艺术史话．20[M]．沈阳：辽海出版社，2007.

[30] 许汝纮．用图片说历史：宫殿建筑里的极简欧洲史 [M]．海口：海南出版社，2019.

[31] 杨鸿勋．宫殿建筑史话 [M]．北京：中国大百科全书出版社，2000.

[32] 臧维熙．中国旅游文化大辞典 [M]．上海：上海古籍出版社，2000.

[33] 张慧坤，王燕萍．中外名建筑赏析 [M]．杭州：浙江工商大学出版社，2020.

[34] 张邻．建筑史话 [M]．上海：上海科学技术文献出版社，2019.

[35] 张新沂．中外建筑史 [M]．北京：中国轻工业出版社，2019.

[36] 张永志，石丹，周丹 . 中外建筑史 [M]. 北京：北京理工大学出版社，2019.

[37] 赵立瀛，何融 . 中国宫殿建筑 [M]. 北京：中国建筑工业出版社，1992.

[38] 赵利民，龙梅 . 中国古代建筑与园林 [M]. 长春：东北师范大学出版社，2014.

[39] 祁红媛 .1750—1900 年间德国古堡室内装饰的特色研究 [D]. 株洲：株洲湖南工业大学，2014.

[40] 毕洛春 . 波茨坦无忧宫 [J]. 上海房地，2015（4）：57.

[41] 田羽 . 莫斯科散记 [J]. 科学与文化，2006（11）：44–45.

[42] 温宏岩，黄华明 . 中国明清建筑中的“物以载道”政治思想 [J]. 文化学刊，2016（8）：212–216.

[43] 熊仔 . 德国菲森·新天鹅堡 “童话国王”未竟的梦幻城堡 [J]. 城市地理，2020（7）：74–76.

[44] 徐放鸣，陈洁 .《当卢浮宫遇见紫禁城》：跨文化视野下的文化中国形象呈现 [J]. 艺术百家，2017（5）：1–5+110.

[45] 闫宏斌 . 基于文物保护的原状展陈照明——以故宫原状展陈照明设计为例 [J]. 中国博物馆，2017（3）：116–124.

[46] 雨妮 . 感受欧洲（五）——卢浮宫·建筑 [J]. 中外建筑，2014（02）：25–29+24.

[47] 雨涛，王涛，李维立 . 俄罗斯散记之四——圣彼得

堡冬宫 [J]. 中外建筑，2011（12）：24-29.

[48] 赵克仁. 传承伊斯兰文明的阿尔罕布拉宫 [J]. 世界文化，2007（12）：30-31.

[49] 周乾. 紫禁城古建筑中的"天人合一"思想研究 [J]. 创意与设计，2020（4）：5-15.